城市规划快题设计方法

刘　稳　张光辉　编著

绘世界　策划

U0296243

中国建筑工业出版社

图书在版编目（CIP）数据

城市规划快题设计方法／刘稳，张光辉编著 . — 北京：中国
建筑工业出版社，2018.6

ISBN 978-7-112-22245-2

Ⅰ.①城…　Ⅱ.①刘…③张…　Ⅲ.①城市规划 — 建筑设
计　Ⅳ.①TU984

中国版本图书馆CIP数据核字（2018）第105604号

责任编辑：李　杰　兰丽婷
责任校对：李美娜

城市规划快题设计方法

刘　稳　张光辉　编著

绘世界　策划

＊

中国建筑工业出版社出版、发行（北京海淀三里河路9号）
各地新华书店、建筑书店经销
北京京点图文设计有限公司制版
北京京华铭诚工贸有限公司印刷

＊

开本：787×1092毫米　1/16　印张：16¾　字数：374千字
2018年8月第一版　2018年8月第一次印刷
定价：**79.00元**
ISBN 978-7-112-22245-2
（30681）

版权所有　翻印必究

如有印装质量问题，可寄本社退换

（邮政编码 100037）

目 录

第1章 概 论

1.1 相关概念

1.1.1 基本概念

1. 城市

什么是城市？一般认为，城市或城镇（City）是以非农业产业和非农业人口聚集为主要特征的居民点，包括按国家行政建制设立的市和镇[①]。

从城市发展的角度来理解，城市是社会与经济发展的集中体现。这一点我们可以借助城市的文字含义来理解。早期的"城"和"市"是两个不同的概念，表现为两种不同的环境形态。"城"是防御性的概念，是为社会的政治、军事等目的而兴建的，边界鲜明，其形态是封闭的、内向的；而"市"则是贸易、交易的概念，是生产活动、经济活动所需要的，边界模糊，其形态是开放的、外向的。这两种初始的空间形态随着社会的进步和经济的发展变得丰富和扩大，并相互渗透，界线趋于模糊，杂陈在一种新的环境形态之中，最终形成了内容多样、结构复杂的聚居形式——城市。

2. 城市规划

城市规划（Urban Planning）随着城市文明的进步应运而生，是对一定时期内城市的经济和社会发展、土地利用、空间布局以及各项建设的综合部署、具体安排和实施管理[②]。作为一门学科体系，它包括法定规划和非法定规划。其中法定规划包括城镇体系规划、城市总体规划、控制性详细规划、修建性详细规划等；非法定规划包括城市设计、专项规划、专题研究等。各类规划所属层次不同，分别对区域、城市、乡镇、街区、地块等起到引导其发展的作用（图1-1）。

3. 城市设计

城市设计（Urban Design）是一门关注城市规划布局、城市面貌、城镇功能，并且尤其关注城市公共空间的学科。它是介于城市规划、景观设计与建筑设计之间的一种设计，但相对于城市规划的抽象性和数据化，城市设计更具体化和图形化。它是对城市体型和空间环境所做的整体构思和安排，贯穿于城市规划的全过程。

城市设计要在三维的城市空间坐标中化解各种矛盾，并建立新的立体形态系统。城市设计侧重城市中各种关系的组合，建筑、交通、开放空间、绿化系统、文物保护等城市子系统交叉综合、联合渗透，是一种整合状态的系统设计。

4. 城市总体规划

城市总体规划（Urban Master Plan）是对一定时期内城市性质、发展目标、发展

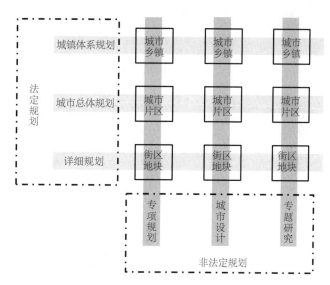

图 1-1　相关规划类型在规划体系中的划分
（引自彭建东，等.城市设计思维与表达 [M].北京：中国建筑工业出版社，2016）

规模、土地利用、空间布局以及各项建设的综合部署和实施措施[③]。其主要任务是：综合研究和确定城市性质、规模和空间发展形态，统筹安排城市各项建设用地，合理配置城市各项基础设施，处理好远期发展和近期建设的关系，指导城市合理发展[1]。

5. 城市详细规划

城市详细规划（Urban Detailed Plan）是以城市总体规划或分区规划为依据，对一定时期内城市局部地区的土地利用、空间环境和各项建设用地所做的具体安排[④]。其分为控制性详细规划和修建性详细规划。

根据城市规划的深化和管理需要，一般应当编制控制性详细规划，以控制建设用地性质、使用强度和空间环境，作为城市规划管理的依据，并指导修建性详细规划的编制。此外，修建性详细规划的主要内容也是城市规划快题设计的重点内容。

根据建设部《城市规划编制办法》（2006 年），修建性详细规划应当包括下列内容：

（1）建设条件分析及综合技术经济论证；

（2）建筑、道路和绿地等空间布局和景观规划设计，布置总平面图（1∶500 ~ 1∶2000）；

（3）对住宅、医院、学校和托幼等建筑进行日照分析；

（4）根据交通影响分析，提出交通组织方案和设计；

（5）市政工程管线规划设计和管线综合；

（6）竖向规划设计；

（7）估算工程量、拆迁量和总造价，分析投资效益。

6. 城市规划快题设计

城市规划快题设计是指对一个相对完整的地块，利用较短时间快速解读题目和任务要求，明确设计目标和概念，完成设计构思和空间布局方案，并通过简单直观的分析图解和准确有效的图纸表现传达设计构想。适用于修建性详细规划或街区层面的城市设计。

城市规划快题设计不同于常规意义上的规划设计，是在有限时间内独立创作完成的，因此不能开展现场调查、对方讨论、系统研究等基础性工作，而是要求规划设计者迅速领会任务、抓住重点、确定构思、形成方案并进行图纸表达。这对规划设计者在知识、能力和素质方面提出了很高的要求。正因如此，以城市规划快题设计为主要内容的考试成为考查专业人员基本素养和选拔优秀人才的有效手段。

1.1.2　城市规划快题设计的意义与目标

城市规划是人类为了在城市的发展中维持公共生活的空间秩序而做的未来空间安排的意志[2]。在计划经济体制下，城市规划的目标任务是根据已有的国民经济计划和城市既定的社会经济发展战略，确定城市的性质和规模，落实国民经济计划项目，进行各项建设投资的综合部署和全面安排。在市场经济体制下，其本质任务是合理地、有效地和公正地创造有序的城市生活空间环境。

绝大多数优秀的城市规划快题设计，是由科学合理而富有创意的设计目标和准则的设立及其对实现过程的有效推进促成的。这样的目标包括：功能性、灵活性和适应性、社区性、遗产保护、环境保护、美学和交通可达性等。城市规划快题设计的目标任务应当包括如下内容：

（1）要为人们创造一个舒适宜人、方便高效、卫生优美的物质空间环境和社会环境；

（2）要为城市社区建设一种有机的秩序，包括空间秩序和社会秩序；

（3）对城市空间环境进行合理设计，主要立足于现实，同时要有理想和丰富的想象力；

（4）应是城市空间环境上的统一与完美，综合效益上的最佳与最优，社会生活上的有机与和谐。

1.1.3　城市规划快题设计的评价标准

城市空间和形体环境是城市规划快题设计的重要内容，塑造良好的城市空间和形体环境，有时并不能仅仅依靠人们提出一个物质性的解决方案或提出一种严格而经验性的设计评价标准，但是设计评价标准的建立仍然是城市发展和建设所必要的目标基准，是不同国家、地区、城市之间的城市设计案例比较和衡量的尺度，以及是专业人员基本素养和优秀人才的评判准则。

1. 定性标准

特色（可识别性）、格局清晰、尺度宜人、美学原则、生态原则、社区原则、活动方便、丰富多样、可达性、环境特色、场所内涵、结合自然要素等可归属为对一个好的城市规划快题设计方案的定性评价标准。《不列颠百科全书》（大英百科全书）提及的"减缓环境压力、谋求身心舒畅；创造合理的活动条件；特性鲜明；环境多样化；规划和布局明确易懂；含义清晰；具有启发和教育意义；保持感官乐趣；妥善处理各种制约因素"也属于定性评价标准。

2. 定量标准

满足特定任务范围内的容积率、建筑密度、绿地率、建筑限高和日照通风等硬性要求，以及考虑一些由空间度量关系而引起的视觉艺术和功能组织单元的要求属于城市规划快题设计的定量评价标准。前者包括一般任务书中的用地规划设计要点，如容积率、建筑密度、绿地率、建筑限高、建筑后退、日照、通风、减噪、六线控制要求等。后者包括文物保护单位和空间观赏的视角设计控制，如街道、广场空间宽度的高宽比、相对来说较特殊的地标和背景建筑高度以及空间单元原型尺度等。

1.2 城市规划快题设计的思维与方法

1.2.1 城市规划快题设计的四个阶段

前宾夕法尼亚大学教授乔纳森·巴奈特曾说过：城市设计是"设计城市而不设计建筑（Design cities without design buildings）"[3]。国内城市设计师王建国认为，"城市设计既不简单是城市规划的一部分，也不是扩大范围的建筑设计"[4]。城市规划快题设计作为城市设计中重要的组成部分，注重个性化的城市特色空间和形态营造，主张让城市环境有非人为驾驭的自由成长机会；注重人的感知和体验，创造具有宜人尺度的优雅场所环境；还注重"平凡建筑"（城市基底）与"伟岸建筑"（如城市地标）、"日常生活空间"（大众共享）与"宏大叙事场景"（集体意志）的等量齐观。

就城市规划快题设计思想酝酿各阶段的工作重点来说，其大体包括四个主要阶段：概念阶段、模式阶段、方案阶段、表达阶段，此后再逐步深入地推进到技术的设计。

（1）概念阶段——城市规划设计者接受规划设计任务，逐步从概念的构想到观念的形成，大致构筑了一个轮廓或形成框架；

（2）模式阶段——仍以概念为主，开始深入到内容，安排空间组织，形象地构想，但这一切仍然是粗线条的；

（3）方案阶段——落实到功能内容的细化，合理的布局和形象的思考等；

（4）表达阶段——塑造设计方案的艺术空间形象，创造良好的环境意境，进行艺术、美学的表现。

以上四个阶段是逐步深入的，不仅有理性的分析，也有形象的思维，不同阶段各有侧重，又是相辅相成，甚至是同步进行的。

1.2.2 城市规划快题设计的五个步骤

将设计的四个阶段按照城市规划快题设计的任务要求划分为五个设计任务，分别为任务解读、场地分析、设计构思、详细设计以及成果表达（表1-1）。

城市规划快题设计的五个步骤 表1-1

阶段	步骤	内容
概念阶段	任务解读	根据规划快题设计任务要求，明确规划设计类型、内容、重点及注意事项等
模式阶段	场地分析	在明确任务的基础上进行场地环境条件的分析，并进行定位、定性和定量研究
	设计构思	进行地块的用地组织和功能布局，进行系统的结构规划
方案阶段	详细设计	进一步完成交通组织、建筑布局和景观系统等功能内容的详细规划设计
表达阶段	成果表达	进行快题设计方案的美学、艺术表达

1. 任务解读

根据规划设计任务书的要求，明确快题设计的考查类型及考查范围，明确此类快题设计中的侧重点和注意事项。不同类型的规划设计在用地组织、空间布局形态、路网组织形式、建筑群体布局、单体建筑形式等方面都有所不同，规划设计者应能够予以辨析。

2. 场地分析

通过对规划设计任务的解读，分析地段所在城市区位、周边用地性质、交通条件、景观条件和用地现状，确定用地的位置、范围和用地面积。根据所给的基本条件，如容积率、建筑密度等初步拟定地段内的总建筑面积、容纳人口数量等，作为用地规划和空间布局的基本依据。

通常情况下，任务书中给出的设计条件分为常规条件和特殊条件两种，常规条件包括：自然气候、区位及周边环境、交通条件、用地形状、地形地貌等，特殊条件可以由常规条件衍生而成，如基地内包含一条自然水系，周边有山体、湖面，基地紧邻城市政治文化中心，一面邻城市快速路，火车站位于基地某方向等，也可以单独给出，如基地内一座需要保留的教堂，基地内有一块已建成的居民小区等。规划设计者要仔细分析，抓住"主要矛盾"入手，才能有的放矢。

3. 设计构思

通过对场地条件的解读，根据地段所在的城市区位、周边地段的功能性质（居住、商业、绿地、广场、水系等）、道路交通（主、次干道，快速路等）、景观视线等，明确规划地段和周边环境可以建立的联系（空间延续、视线通廊、交通联系等）。

确定主要的功能单元和相互关系，建立整体空间层次构架，明确核心功能空间；确定主要的道路走向和地块开口方向，考虑静态交通组织；确定主要的开放空间布局和景观系统，明确主、次层级。系统的规划结构（功能布局、交通组织、景观环境）应充分反映地段的场地特征和功能性质，做到布局合理、构架完整、层次清晰和特征显著。

4. 详细设计

在功能布局、交通组织、景观环境三大结构规划的基础上进行深入细致的详细设计。

在交通组织方面，根据地段地段规模、周边交通条件以及方案构思进一步推敲各级道路的布局、走向、宽度和横断面形式，确定停车场的分布、规模、停车位数量以及停车方式，综合考虑地段的步行系统。

在建筑群体组合方面，按照规划构思进行建筑群体组合设计。确定建筑群体空间的基本格局和空间秩序，区分不同建筑的布局特征和形态尺度；突出标志性建筑和其他重要建筑；注意实体建筑轮廓所形成的外部空间形态。

在景观塑造和开放空间方面，按照规划结构和建筑布局统筹考虑，进一步细化景观主次节点与主次轴线、布局位置与形式。

5. 成果表达

一般情况下，快题设计的表达内容是以 1～2 张 A1 或 A2 图纸来反映设计构思和空间方案，快题设计的主要内容包括总平面方案（或外加土地利用规划方案）、分析图、效果图、设计名称、设计说明、技术经济指标等，应根据任务要求，认真核对成果内容。

在表达要求上，应选择恰当的绘图工具、绘图纸和表达方式，通过图示语言准确地反映设计构思和空间方案，做到重点突出、详细得当、表达充分、效果明显。

1.3　快题设计类别

1.3.1　主要类型

城市规划快题设计主要以修建性详细规划和街区层面的城市设计为主，同时也是国内各大院校研究生入学考试和规划设计单位选拔优秀专业人才的主要考查形式。此外，为尽可能地全面了解考生或城市规划从业者的专业素养和专业技能，引入城市总体规划、控制性详细规划以及概念性规划等相关内容的快题设计逐渐成为各大院校和规划设计单位的命题趋势，从而使城市规划快题设计的考查趋向综合化、全面化。通过对城市规划快题设计类型的总结归纳，大致可将其分为 7 大类 13 小类，用地规模从几公顷到几十公顷不等（表 1-2）：（1）住区类——包括住宅区、商住混合区；（2）城市中心区类——包括商业商务中心、文化中心、行政文化中心、公共服务中心或公共中心；（3）园区类——包括校园、产业园区；（4）旧区更新类——旧区更新改造；（5）旅游度假类——包括旅游度假区、旅游接待中心；（6）概念规划类——概念性城市设计；（7）村庄规划类——村庄建设规划。

城市规划快题设计类型   表 1-2

类别名称		用地代码	说明	设计成果举例
大类	小类			
住区类	纯住区	R、A3	以居住生活为主，集中布置住宅建筑、配套设施、绿地、道路等，以提供良好居住生活空间。应坚持"以人为本"，严格遵守相关政策规范，营造布局合理、空间丰富、景观宜人的居住环境	 州移民小区基础设施完善工程初步设计（2012.10）
	商住混合区	R、B、A3	兼具居住和商业功能的片区，一般处于城市的核心地段，容积率较高。主要包括住宅建筑、商业建筑及其他公共配套设施。应综合考虑用地组织、功能分区、交通流线以及街区尺度等问题	
城市中心区类	商业商务中心	B1、B2	以商业服务和商务办公功能为主，具有人流密集、开发强度大等特点。应充分考虑土地的集约、高效利用，片区的整体空间形象，交通组织关系以及对周边区域的辐射作用	
	文化中心	A2、B1、B2、B3	以商业服务和文化娱乐功能为主，具有瞬时人流量大、建筑体量庞大等特点。应注重文娱建筑的形态、体量、人流疏散、静态交通以及基地空间的共享性等问题	
	行政文化中心	A1、A2、A4、G1、G3	以政府办公和文化体育功能为主，具有布局规整、气势恢宏等特点。应注重政府办公建筑的体量和位置、市民广场的形象和标识、其他建筑群体的空间布局等问题	

类别名称		用地代码	说明	设计成果举例
大类	小类			
城市中心区类	形象门户区或交通枢纽区	S、B1、B2、	以交通集散和商业文化功能为主，具有人流量大、形象标识等特点。应注重交通设施的布局和功能衔接、集散广场的形象和标识、周边配套建筑的布局和风格	
	公共服务中心	A、B、G	以商业服务、商务办公、居住及文化娱乐功能为主，具有功能空间复合多样、土地利用集约高效等特点，包括城市、片区和地段三级公共服务中心。应注重功能空间的合理安排、人本需求的丰富多样、建筑形态的个性差异等问题	
园区类	校园规划	A3	以教育和科研功能为主，兼具生活和配套设施，具有明确的动静分区和功能分区等特点。应注重校园空间的人性化设计、文化资源的社会化分享以及公共环境的生态化改善等问题	
	产业园	M、A3、B2	以科技研发、生产加工、营销推广功能为主，一般位于城市边缘区，具有交通物流便捷、空间个性突出等特点。应注重对外交通的便捷、与周边用地的协调、空间布局的明确分区、建筑群体的空间形象等问题	
旧区更新类	旧区更新改造	A、R、B	以文物保护和环境保护等功能为主，兼具商业、居住、文教娱乐的功能，具有传统风貌明显、开发强度低等特点。应注重历史文物的保护、传统风貌的延续以及空间格局和建筑尺度的控制等问题。按照更新的方式划分，有再开发或重建、整治改善、保护三种	

类别名称		用地代码	说明	设计成果举例
大类	小类			
旅游度假类	旅游度假区	H9	以综合接待服务、商业商务和户外活动功能为主，一般位于城市外围风景名胜区内，具有环境优美、功能多样、开发强度低等特点。应注重综合接待区的交通集散、内部交通的合理组织、度假核心区的景点打造以及商业服务的特色彰显等问题	
	旅游接待区	H9	以综合接待和商业服务功能为主，具有人流汇集、形象突出等特点。应注重入口接待的交通集散、商业服务的特色体现以及建筑形态的形象标识等问题	
概念规划类	概念性城市设计	—	以用地规划、交通组织和物质空间规划设计等工作为主，具有系统规划、考查全面等特点。应注重发展方向和发展策略确定的前瞻性、用地规划和交通组织的合理性、空间形态规划设计的标识性等问题	
村庄规划类	村庄建设规划	H14、E	根据《村庄和集镇规划建设管理条例》，分为村庄总体规划和村庄建设规划两个阶段进行。应注重对住宅和供水、供电、道路、绿化、环境卫生以及生产配套设施做出具体安排	

1.3.2 其他类型

随着当前我国城市规划由粗放向集约、由城市向区域、由外在向内在的转型，以人为本的城市规划、注重质量的城市规划被提上一个新的高度。而在城市规划快题设计中，对专业知识的考查体现出较强的综合性、全面性以及针对性。因此，在以上规划快题设计主要类型的基础之上，又衍生出一些考查内容较为综合的快题类型。

（1）住区类规划设计除了以纯住区规划设计和商住混合区规划设计两种独立形式出现之外，在城市中心区类、园区类以及旧区更新类快题设计中常常会以部分居住组团的形式出现，要求规划设计者综合考虑，统筹安排各项城市功能，进行合理的规划布局（图1-2）。此外，随着城市的快速发展，城市中各组成内容本身或相互之间由于历史的或人为的原因造成功能失调、衰退，甚至被破坏，此时就需要规划工作者进行不断的调整、维修、改善等一系列住区更新或再开发工作（图1-3）。

图1-2 滦南北河新区城市设计

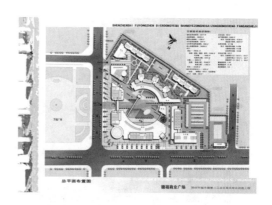

图1-3 深圳福永镇商住综合改造规划

（2）城市中心区类规划设计作为最典型同时也是相对比较复杂的设计类型之一，是各大院校和规划设计单位的常见考查类型。除了表1-2中列举的五种主要类型之外，还有城市街道空间（图1-4）、城市广场空间、城市公园、城市建筑综合体以及滨水区规划设计（图1-5）等快题设计类型，总体来看，考查相对较少。但作为城市规划工作的组成部分，规划设计工作者仍需掌握。

图1-4 三亚阳光海岸段滨水街道空间规划

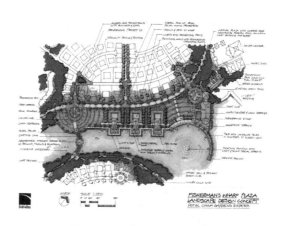

图1-5 渔人码头广场规划设计

（3）园区类规划设计是随着近年来社会经济快速发展而逐步兴起的规划设计，是常见考查类型之一。由于校园与产业园这两种的规划设计在城市功能和规划布局等方面的特殊性，故将这两种类型统一纳入园区类快题设计。此外，在产业园规划设计中，按承担的主要功能来分，有以"管理／研发"为主要功能的总部基地或文化科技产业园（图1-6）和以"生产／装配"为主要功能的生产物流工业园（图1-7）。在校园规划中，主要分为中等学校校园和高等学校校园，幼儿园和小学校园多以配套服务设施出现在住区类或城市中心区类设计当中。

图1-6　张江亚兰德商务研发总部基地

图1-7　中部商贸物流产业园区

（4）旧区更新类规划设计按照旧区更新的方式细分，有以再开发或重建为主的旧区重建规划、以整治改善为主的旧区改造规划（图1-8）和以保护为主的旧区更新规划（图1-9）。其中，由于城市规划快题设计考查方式的局限性等多种原因，以保护为主的旧区更新规划较少出现在考查类型当中。

图1-8　宁波郁家巷历史街区保护规划

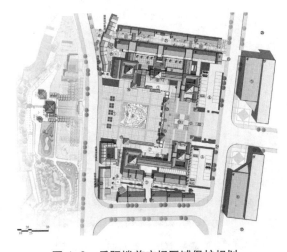

图1-9　岳阳楼前广场区域保护规划

（5）概念规划类规划设计是城市设计过程的一个阶段，如同城市总体规划纲要一样，作为探讨城市地区的适宜发展目标、策略与方式的重要手段，是相对独立的城市设计任务，也是当前各大院校和规划设计单位对规划专业人员进行综合素质考察的主要类型和趋势类型。此外，针对城市发展特定问题的研究型城市设计，又称策略性城市设计（图 1-10），也是城市规划快题设计的考查形式之一。

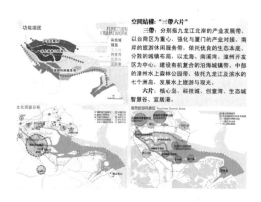

图 1-10 厦门港南岸新城核心区概念性城市设计

（6）综合类规划设计是考查规划设计者综合设计能力的，一般会涵盖六大快题设计类型中的两种或两种以上。这就要求规划设计者在熟练掌握各种规划设计类型的同时，总结不同设计类型特点，继而综合考虑规划设计条件，合理组织各功能区。

1.4 快题设计要求

城市规划快题设计要求规划设计者在较短的时间内快速解读题目和任务要求，完成设计构思和空间布局方案，并通过简单的分析图解和准确的图纸表现传达设计构想。出色且合理的快题设计方案需要满足快题设计的要求，下面就研究生入学考试为例，介绍城市规划快题设计的成果要求和时间安排。

1.4.1 时间安排

1. 3h 或 4h 快题设计时间安排

3h 或 4h 快题设计一般用地规模较小（10hm² 以内），用时较少，更能够体现规划设计者的快题设计能力，要求规划设计者在平时注重快题设计方案能力的培养和设计素材的积累（表 1-3）。

3或4h快题设计时间安排表　　　　　　　　　　　　　　表1-3

四个阶段	五个部分	时间安排	完成内容	
概念阶段	任务解读	20~30min	把握设计重点、明确设计任务、确立规划目标、进行总体排版和地形图绘制	
模式阶段	场地分析	10min	场地周边山水格局和环境风貌的分析利用，场地本身环境的梳理和研判，进行定位、定性和定量研究	
	设计构思	20~30min	进行地块的用地规划、功能布局、交通组织以及景观布局等结构性规划，绘制基本布局形态	
方案阶段	详细设计	60~90min	总平面图：建筑、道路、景观的绘制	20~25min，铅笔稿
				20~30min，墨线稿
				20~25min，色彩表达
				10min，细化标注
表达阶段	成果表达	70min	鸟瞰图表达、分析图绘制、必要文字表述	30min，鸟瞰图
				20min，分析图
				10min，指标和设计说明
				10min，查遗补漏

2. 6h 或 8h 快题设计时间安排

6h 或 8h 快题设计与 3h 或 4h 快题设计相比，考查的任务和内容相似，只是时间安排略有不同，要求规划设计者认真分析任务要求，把握规划设计重点，进行完整和更为成熟的方案表达。一般用地规模在 10hm² 以上，甚至达 30~40hm²，时间安排做相应调整（表1-4）。

6h或8h快题设计时间安排表　　　　　　　　　　　　表1-4

四个阶段	五个部分	时间安排	完成内容
概念阶段	任务解读	0.5h	把握设计重点、明确设计任务、确立规划目标
			进行总体排版和地形图绘制、确定设计理念、进行简单构思
模式阶段	场地分析	1~1.5h	场地周边山水格局和环境风貌的分析利用，场地本身环境的梳理和判断，进行定位、定性和定量研究
	设计构思		进行地块的用地规划、功能布局、交通组织以及景观布局等结构性规划，绘制基本布局形态
方案阶段	详细设计	2.5~4h	总平面图：建筑、道路、景观的绘制（或包括用地规划图绘制）	40~70min，铅笔稿。对总平面图的路网结构、建筑轮廓、公共空间、景观系统进行初步绘制

四个阶段	五个部分	时间安排	完成内容	
方案阶段	详细设计	2.5~4h	总平面图：建筑、道路、景观的绘制（或包括用地规划图绘制）	40~70min，墨线稿。对总平面图进行进一步深化，明确方案细节
				40~70min，色彩表达。对总平面图进行美学表达，整体上宜做到协调统一
				30min，细化标注。对总平面图进行进一步完善，如建筑细节、主次入口、建筑名称、周边道路名称、指北针比例尺等
表达阶段	成果表达	2h	鸟瞰图表达、分析图绘制、必要文字表达	60min，鸟瞰图。突出方案核心空间和设计亮点，进行深度刻画表现
				20min，分析图。充分表达设计思想和理念，一般有功能结构、道路系统、景观结构三类
				20min，指标和设计说明
				20min，查遗补漏。检查成果是否符合任务书要求，方案表达是否完整等

1.4.2　成果要求

1. 设计成果构成

城市规划快题设计的成果一般少于修建性详细规划的成果[⑤]，主要通过图纸的方式来表达设计方案，要求设计者在有限的时间内规范地完成设计内容，同时选择良好的表达方式来诠释设计理念和空间方案。设计内容主要由主体方案和辅助说明两部分构成，主体方案部分主要包括土地利用规划[⑥]、总平面方案；辅助说明部分主要包括方案说明、规划分析图、鸟瞰图等（表1-5）。

城市规划快题设计的成果构成　　　　　　　　表1-5

设计部分	设计内容	主要内容	主要标注
主体方案	土地利用规划图	土地利用、道路交通、绿地系统等总体布局	图名、指北针、比例尺、用地性质、用地平衡表、道路名称等
	总平面图	建筑群体、道路交通、景观环境等总体设计	图名、指北针、比例尺、建筑层数、技术经济指标、主要建筑性质、主要出入口、周边用地功能、道路名称等
辅助说明	方案说明	设计题目、设计说明	—
	规划分析图	功能布局、空间结构、道路交通、绿化景观等	图名、图例
	鸟瞰图或局部效果图	三维空间效果图	图名

2.设计成果要求

（1）方案主体部分

1）土地利用规划图

土地利用规划图是城市规划快题设计中最重要的设计成果之一，以区域内全部土地为对象，合理调整土地利用结构和布局；是以土地利用为中心，对土地开发、利用、整治、保护等方面所做的统筹安排和长远规划。在城市规划快题设计中，需要按照一定的规范和比例绘制土地利用规划图，其是表示规划地块土地利用、道路交通、绿地系统等总体布局的图纸。土地利用规划图中应包括规划用地范围，道路红线、用地红线等主要规划控制线；各类用地性质的文字和色彩表达；规划用地平衡表；道路名称、指北针、比例尺、图名等（图 1-11）。

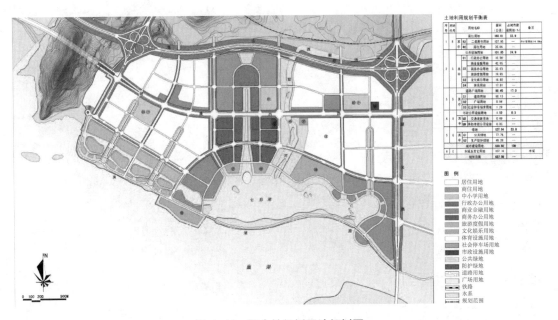

图 1-11　概念性规划用地规划图

2）总平面图

总平面图是城市规划快题设计中最重要的设计成果，是反映设计构思和评价方案优劣的核心图纸。它是地段规划设计总体布局图，是通过恰当的图示语言（线条、色彩、模式化图形），按照一定的规范和比例绘制，表示规划地段建筑、道路、外部环境等总体布局和空间关系的图纸，总平面图中应包括规划用地范围，道路红线、用地红线等主要控制线；原有地形地貌的保留、改善或改造形式；保留、新建建筑物/构筑物的位置、轮廓、屋顶形式、层数、性质；道路、广场、停车场、停车位等的位置、平面形式和布置；地下停车场出入口位置；绿化、广场、铺地、步道及环境设施的位置、形式和布置示意；技术经济指标（表 1-6）；图名、建筑层数、主要出入口、主要建筑功能、主要场地功能、道路名称、指北针、比例尺等（图 1-12）。

指标类别	定义	单位	计算公式
			主要技术经济指标　　　表 1- 6
总用地面积	规划用地面积	ha	—
总建筑面积	规划用地内所有建筑的面积总和	m²	—
容积率	规划用地内的总建筑面积与规划用地面积的比率		容积率=总建筑面积/规划用地面积
建筑密度	规划用地内各类建筑的基底总面积与规划用地面积的比率	%	建筑密度=（各类建筑的基底总面积/规划用地面积）×100%
绿地率	规划用地内各类绿化面积的总和与规划用地面积的比率	%	绿地率=（各类绿地总面积/规划用地总面积）×100%
停车位	停车位的总数，地上地下停车位数量	个	—

注：除了以上主要技术经济指标外，还有分类建筑面积、建筑基底面积、绿化覆盖率指标，视具体要求而定。

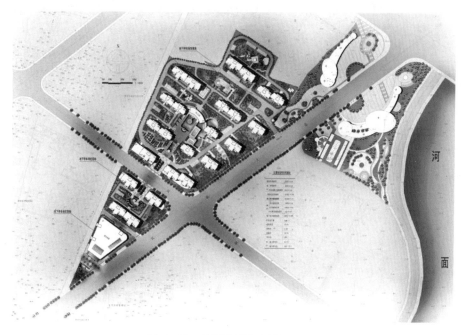

图 1-12　某居住区规划总平面图

（2）辅助说明部分

1）方案说明

方案说明是阐释设计理念、整体构思和方案特点的说明性文字，包括设计题目和设计说明两部分。一个恰当的设计说明可以帮助评阅人快速了解应试者的方案特点和设计重点，可以直接把快题题目作为标题书写，如"某居住小区快题设计"、"某城市中心区快题设计"等,也可以增加标准化的"快题设计"或"规划快题"等来活跃图面。设计题目是对规划地段性质的总体概述,是图纸成果表达的第一环。设计说明一般包括对设计题目背景的概括介绍、设计目标、原则和理念的总体说明,功能布局、道路交通、绿化景观等具体说明,在满足字数要求的情况下,说明内容应逻辑准确、条理清晰,语句应通顺流畅,文字力求简洁明确。

2)规划分析

规划分析是方案辅助说明的一部分,运用图示语言对设计方案的结构性提炼与概括,能够清晰有效地表达整体构思和结构特征,呈现规划设计特点,从而加快评阅者对方案的理解。规划分析图主要包括功能分区图——地段内部的功能划分;空间结构规划图——地段的整体空间构架,包含主轴线、次轴线、入口空间、核心空间等;道路交通分析图——地段道路交通的组织,包括周边道路、内部主要道路、次要道路、步行路等;绿化景观分析图——地段绿化景观的整体组织,包括中心绿地、组团绿地、景观视线等;以及图名、图例等。

3)鸟瞰图或局部效果图

鸟瞰图或局部效果图是直观地呈现建筑群体的三维空间效果和空间特色的图纸,是设计成果中最具表现力的图纸。鸟瞰图具体指从高于视平线的位置观察地段时绘制的空间透视表现图,包括两种类型:第一种是按照实际的透视效果绘制的,无比例,接近真实场景,表现力充分,绘制难度较大;第二种是以轴测图的方式绘制,空间表现准确,易于把握。此外,有时会要求绘制局部效果图,重点呈现局部空间特点。徒手绘制效果图要求设计者具备一定的立体几何常识,透视知识和快速徒手表现技能。

本章注释

① 城市规划基本术语标准 GB/T50280—98。

② 同①。

③ 同①。

④ 同①。

⑤ 修建性详细规划的成果一般包括规划说明书和图纸两部分。规划说明书包含现状条件分析、规划原则和总体构思、用地布局、空间组织和景观特色要求、道路和绿地系统规划、各项专业工程规划及管网综合、竖向规划、主要技术经济指标等内容;图纸包含规划地段位置图、现状图、总平面图、道路交通规划图、竖向规划图、单项或综合工程管网规划图以及表达规划设计意向的模型或鸟瞰图。详见《修建性详细规划内容和深度要求》。

⑥ 在城市规划快题设计中,土地利用规划图较多出现在概念性城市设计类型的设计成果要求里,也是当前高等院校硕士招生考试和用人单位招聘考试全面考查规划人员所采用的重要形式。

第 2 章　快题设计方法论

在明确任务阶段，要进行任务解读，分析规划设计要求，把握规划设计重点，确定规划设计目标；在解读条件阶段，要进行场地分析，了解地形地貌、气候环境、建筑现状、道路交通等方面内容；在系统规划阶段，要进行设计构思，思考功能布局、交通组织、景观营造以及建筑布局；在详细设计阶段，要进一步深化方案，完善建筑、道路、景观等细节内容；在成果表达阶段，要完成效果图绘制、分析图示、技术经济指标及必要文字说明并做适当的美学表达。

2.1 任务解读

任务解读是在城市规划快题设计概念阶段的首要工作之一，通过解读城市规划设计任务书，明确快题设计的考查类型（是住区类还是园区类），分析规划设计要求（规划背景、限制条件、方案特色以及主要矛盾），把握规划设计重点，从而确定规划设计目标。不同类型的规划设计在用地组织、空间布局形态、路网组织形式、建筑群体布局、单体建筑形式等方面都有所不同，规划设计者应能够予以辨析。

2.1.1 规划背景

城市规划快题设计跟城市设计一样，也需要规划设计者关注并分析当前的宏观政策背景，从而确定规划设计目标。当前城市设计的发展，不仅需要转变设计理念，重视生态建设和文化传承，在社会实践过程中体现公共价值，强化可操作性，更重要的是放弃对于城市设计的狭隘认识，"不仅就空间论城市设计，不仅就城市设计论城市设计"，而是将城市设计作为制度范畴内的一项创新元素，放在中国城市规划变革乃至社会发展的大背景下去考察。社会变迁是一切学科，包括规划学科进步的动力。应当将城市规划与城市设计置于一个更为广阔的社会、政治、经济宏观背景中来思考，探讨关于规划设计的理论，并最终确定设计目标。

2.1.2 限制条件

1.上位规划

上位规划是在做低一层次的规划时必须遵守的规划依据。上位规划体现了上级政府的发展战略和发展要求。按照一级政府、一级事权的政府层级管理体制，上位规划代表了上一级政府对空间资源配置和管理的要求。随着我国城镇化和城市发展呈现出网络化、区域化的发展态势，单个城市将在更大范围内受相关城市和区域发展的影响和制约。上位规划从区域整体出发，编制内容体现了整体利益和长远利益。一般来说，上位规划包括战略规划、总体规划、控制性规划等，在城市规划快题设计时需要快速分析上位规划对地段的各类规划要求。

（1）战略规划是结合城市社会经济现状及其区域地位对城市的未来发展所做的重大的、全局性的、长期性的、相对稳定的、决定全局的谋划。

（2）总体规划是指政府依据国民经济和社会发展规划以及当地的自然环境、资源条件、历史情况、现状特点等，统筹兼顾、综合部署，为确定城市的规模和发展方向，实现城市的经济和社会发展目标，合理利用城市土地，协调城市空间布局等所做的一定期限内的综合部署和具体安排。城市总体规划是城市规划编制工作的第一阶段，也是城市建设和管理的依据。

（3）控制性详细规划是城乡规划主管部门根据城市、城镇总体规划的要求，用以控制建设用地性质、使用强度和空间环境的规划。是在城市总体规划的基础上，对局部地区的土地利用、人口分布、公共设施、城市基础设施的配置等方面所做的进一步安排。

2. 专项规划

专项规划是以国民经济和社会发展特定领域为对象编制的规划，是总体规划在特定领域的细化，也是政府指导该领域发展以及审批、核准重大项目，安排政府投资和财政支出预算，制定特定领域相关政策的依据。

专项规划是针对国民经济和社会发展的重点领域和薄弱环节，关系全局的重大问题编制的规划。是总体规划的若干主要方面、重点领域的展开、深化和具体化，必须符合总体规划的总体要求，并与总体规划相衔接。

3. 其他相关规划

规划设计还应考虑其他相关规划，包括周边区域规划、近期建设规划等。

2.1.3　方案特色

方案特色是一个地段规划的内容和形式明显区别于其他城市的个性特征，是城市社会所创造的物质和精神成果的外在表现。是城市物质形态特征、社会文化和经济特征的积极反映和集中体现，具体可以包括城市所特有的自然风貌、形态结构、文化格调、历史底蕴、景观形象、产业结构和功能特征等。它由物质环境特色和非物质环境特色所组成的有机体，代表某一区域或城市的个性特征。在任务解读时，需要规划设计者在较短时间内通过简短的任务简介和日常的观察积累，掌握规划地段的历史文化特征和场所精神，以地段形态空间为对象进行空间规划设计。

2.1.4　主要矛盾

1. 用地功能布局

城市总体布局是城市的社会、经济、环境以及工程技术和建筑空间组合的综合反映。城市的历史演变和现状存在，自然和技术经济条件的分析，城市中各种生产、生活活动的研究，包括各项用地的功能组织，以及城市建筑艺术的探求等，无不涉及城市的总体布局，而对于这些问题研究的结果，最后都要体现在城市的总体布局中。城市总体布局要按照城市建设发展的客观规律，对城市发展做出足够的预见。它既要经济合理地安排近期各项建设，又要相应地为城市远期发展做出全盘考虑。

在具体进行用地规划布局的过程中，要注意到各组成部分力求完整，避免穿插，因为将不同功能的用地混淆在一起，容易互相干扰。可以利用各种有利的自然地形、交通干道、河流和绿地等，合理划分片区，使功能明确、面积适当，要注意避免划分得过于散、零、乱，否则不便于各区的内部组织。

2. 交通组织

城市交通系统是城市规划设计中一项极为重要的专项规划，它体现了城市生产、生活的动态功能关系。城市交通系统包括城市运输系统、城市道路系统和城市交通管理系统。在城市规划快题设计中主要涉及的是城市道路系统。

城市道路系统的规划是指按照与道路交通需求基本适应、与城市空间形态和土地使用布局相互协调、有利于公共交通发展，以及促进内外交通系统有机衔接的要求，合理地规划道路功能、等级与布局。

3. 景观环境

城市景观的总体设计要以较好地利用本区域的自然景观为基础，在景观规划设计中，应把景观作为一个整体来考虑，追求景观整体风格的统一。同时，景观总体设计应力求自然和谐，强调可以自由活动的连续空间和动态视觉美感，避免盲目抄袭、照搬；公共设施的尺度应与空间相协调，地面铺装应尽量统一；协调人与环境之间的关系，在保护环境的前提下，改善人居环境，使景观、生态、文化和美学功能整体和谐。在景观设计中要对自然景观资源和传统景观资源合理地保护与利用，创造出既有自然特征、历史延续性，又具有现代性的公共环境景观。

2.2 场地分析

场地分析，泛指对影响场地建设的各种因素的分析，是进行下一阶段规划设计工作的基础。场地分析同任务解读一样，是对设计条件的解读，属于城市规划快题设计概念成型阶段的重要工作。

2.2.1 地形地貌

地形条件判断的主要依据是地形图（或现状图）。地形指地表面起伏的状态和位于地表面的所有固定性物体（地物）的总体。地表的形状或地势的起伏往往通过等高线加以描述。等高线是一种高程相同的曲线。对于规划设计者而言，必须掌握等高线的判读技能，以了解场地的地貌特征。地形地貌是场地设计的基础，小山丘、土堆、溪沟、水塘湖面、孤石等虽对布置建筑物有些妨碍，但能利用得好，与之相结合地布置建筑物，就可以化不利为有利，甚至还能创造出极富特色的环境，因此必须在城市设计之前充分考察场地的地形地貌。

1. 坡度

坡度是地表单元陡缓的程度，通常把坡面的垂直高度和水平距离的比值叫作坡度。坡度对规划设计的影响主要表现在对建筑的排布限制上，根据坡度的大小，可以将地形分为以下六类（表2-1）。

地形坡度分级标准及与建筑的关系　　　　　　　　　　　　　表2-1

类型	坡度值	坡度度数	建筑区布置及设计基本特征
平坡地	3%以下	0°~1°43'	基本上是平地，道路及房屋可自由布置，但须注意排水
缓坡地	3%~10%	1°43'~5°43'	建筑区内车道可以纵横自由布置，不需要梯级，建筑群布置不受地形的约束
中坡地	10%~25%	5°43'~14°2'	建筑区内须设梯级，车道不宜垂直于等高线布置，建筑群布置受到一定限制
陡坡地	5%~50%	14°2'~26°34'	建筑区内车道须与等高线成较小锐角布置，建筑群布置与设计受到较大的限制
急坡地	50%~100%	26°34'~45°	车道须曲折盘旋而上，梯道须与等高线成斜角布置，建筑设计须作特殊处理
悬崖坡地	100%以上	>45°	车道及梯道布置极困难，修建房屋工程费用大，一般不适于作为建筑用地

注：引自中国城市规划设计研究院，住房和城乡建设部城乡规划司.城市规划资料集[M].第1版.北京：中国建筑工业出版社，2011。

2. 高程

高程是指某一点相对于基准面的高度。我国的高程系统使用黄海平均海水面的平均值为零点起算。等高线上的高程注记数值字头朝上坡方向，字体颜色同等高线颜色。在设计之前，需要通过观察用地现状地形图，对用地整体形态和高差关系进行判读。高程分析能够直观地反映规划区地势的高低，能大致确定区内的排水方向及排水分区，能初步判断适宜建设区以及能够初步判断道路的选线及可设施性。

地形地貌分析是规划设计中的重要内容，与建筑现状、交通现状、基础设施分析相并列，是规划设计的基础分析之一。地形地貌分析在设计中有非常广泛的应用，从用地、布局、功能区组织到道路设计、管网布置、景观组织等无一不受地形地貌的影响，因此，地形地貌分析对城市设计有很重要的意义。

2.2.2 气候条件

气候指的是一个地方随着时间的推移平均的天气状况。如果规划的中心目的是为人们创造一个满足其需要的环境，那就必须首要考虑气候。无论在为特定的活动选择合适区域时还是在那个区域内选择最合适的场地时，气候都是基础。一旦场地被选定，就自然提出两个新的考虑因素：如何根据特定的气候条件进行最佳的场地和构筑物设计？又用何手段修正气候的影响以改善场地内的环境？

气候最显著的特征是年度、季节与日间温度的变化。这些特征随纬度、经度、海拔、日照强度以及海湾气流、水体、积冰和沙漠等这些气候影响因素的变化而变化。总体而言，气候环境反映在规划设计上的因素主要有日照、温度、风向、降水、湿度等方面。

1. 日照

在规划设计中，应当尽可能地让更多的使用者享受到适宜强度的阳光。在场地分析中，应当了解场地四季的日照方向，根据太阳的运动轨迹调整场地和建筑的布局，以及构筑物／建筑物的间隔距离，保障生活在场地内的人们接受合适的光照。此外，还可以充分利用太阳的辐射，通过太阳能即热板为整个场地提供能量。

2. 温度

一个地区的平均温度随着纬度以及海拔的变化而变化，适宜的温度是人们生活舒适的重要保障。在场地处理中可以通过建筑的围合形式、场地景观布局来改善一个区域的温度。通过引入能够吸收热量的植被，同样对调节气候有一定的作用。

3. 风向

在场地分析中，应该对区域主导风向和盛行风向有一个清楚的认知。风向玫瑰图可直观地表示年、季、月等的风向，为城市规划、建筑设计和气候研究所常用。在城市设计中，在选址和审核厂区的布局时，对于生产易燃、易爆物品，散发可燃气体、液体蒸气的工厂应当布置在主导风向的下风向，而居住区及市民活动较为频繁的区域应当布置在主导风向的上风向。同时，还应当通过建筑的排布以及植物的配置，为场地内部营造出平稳的空气气流环境。

4. 降水

一个区域的降水随着各个地区气候类型的不同而变化，例如，中国以秦岭—淮河为界，以北为温带季风，夏季高温多雨，冬季寒冷干燥；以南为亚热带季风气候，夏季高温多雨，冬季低温少雨。因此，南北在建筑屋顶的形式和场地处理上有着很大的区别。

5. 湿度

一般来说，人体的舒适感觉与湿度的减少成正相关，湿冷会比干冷更令人感觉寒冷。湿热比干热更让人觉得难受。引入空气循环和利用太阳干燥可以降低湿度。在场地湿度较大的时候，需要将降低湿度也纳入考虑之中。

2.2.3　建筑现状

在场地分析中，首先要从地段规划范围内了解周围邻近地段的土地利用规划情况和已有的建筑物，特别是重要的、永久性的建筑物或构筑物，比如，它的性质，使用要求，是否有共用的道路、围墙、通道和出入口，或者其他的公用设施。在了解邻近建筑物和环境形成的空间氛围的前提下，考虑新设计的建筑应该如何才能融进这个空间，达到既协调统一，又有鲜明个性的目的。

建筑现状的分析主要包括对现有建筑分布情况、用地面积、建筑面积、建筑高度、建筑质量、建筑层数、保护建筑等方面进行分析。

1. 建筑概况

在场地分析时，首先要对场地区域内部的建筑性质和功能进行了解，整理出目前场地内部建筑的现有功能，以及思考规划区域内部建筑功能须做何调整。其次，需要对场地内建筑高度、质量、层数进行分析，为设计中的建筑高度控制以及建筑是否保留提供依据。

2. 建筑风貌

建筑风貌分析包括对场地内及场地周边建筑的屋顶形式、建筑材料以及建筑色彩等方面的调查分析。

（1）屋顶形式：屋顶往往是建筑最具特色及表现力的部位。现代建筑的屋顶形式通常分为坡屋顶、平屋顶和异形屋顶三种形式。

（2）建筑色彩：建筑色彩是城市景观中的主体部分，每个城市都有属于自己的色彩，每一座城市都应通过规划和设计，根据城市自身的历史属性，以切合实际状况的不同色调、形体与特色，给人们带去不同的感受和独特的印象，如巴黎的米黄色，伦敦的土黄色，雅典城的蓝白色，都是成功的以色彩装饰城市的典范。因此，需要对城市特有色彩进行分析，并判断规划区域内的建筑色彩是否符合城市色彩关系，以确定在设计中所需采取的各类建筑的颜色。

3. 保护建筑

在场地分析中，应对场地内的历史建筑进行分析，包括场地内地上和地下有无古墓、古迹遗址、古建筑物或其他的人文景观遗址等，按照任务书要求，对其进行妥善保护，才能考虑拆或搬迁，或利用，或保留原址。

2.2.4　道路交通

1. 外部交通

对场地外部交通的分析主要包括：场地外围的道路等级，场地外围是否有面临铁路、公路、河港码头的情况，考虑场地对外的交通联系，出入口、数量位置是否方便，是否满足消防规范的要求。对外交通一般以公路运输为主，只有大型工矿企业才备有铁路专线。那么对公路状况的了解就很有必要；如公路等级、路面结构、路幅的宽度、接近场地出入口地段的标高、坡度等，与出入口的道路连接能否满足技术条件要求。

2. 内部交通

（1）车行交通：对车行交通的调查分析中，需要对规划区域内部的主要车行线路的功能等级进行分析，根据其重要性程度可以将车行线路分为主要道路、次要道路、一般道路等几个等级。此外，需要对区域内主要车行道路的道路横断面进行调查，以在规划设计中对其进行完善。同时为了保证交通的安全、高效和经济，交通线路与其他道路和线路的交叉应尽量避免。

（2）步行交通：对场地内人行交通的分析主要是指场地内部人流的分析。对人流的主要走向进行预判，为步行系统规划提供参考依据。

（3）静态交通：需要对场地内部已有的停车位、停车场、客运站等静态交通设施进行分析，为规划设计中的静态交通设施规划提供依据。

（4）道路交通是规划设计中规划区域的骨架，道路交通的走向直接决定了地块划分的形状，同时关乎一块区域能否高效、快速的运作。因此，对道路交通的前期分析可以对现状道路交通环境进行分析，为快速规划设计中的道路交通规划提供依据。

2.3　设计构思

设计构思包括环境分析、功能布局、交通组织、景观系统或开放空间、建筑形态五个内容，是设计者进行物质空间形态设计最重要的阶段。以设计概念为主，开始深入到内容，进行空间组织，合理组织交通，勾勒形象空间。

2.3.1　环境分析

自然景观是城市固有的自然环境形态，是山水、地形、地貌和气候条件等影响下的城市环境表征，是城市规划设计总体布局和空间策略的依据和基础。同时，在当前所有城市规划与设计中，无一不是从环境分析解析规划任务的。对于环境分析的深度决定了规划的原生性、特色性以及持续性。而环境分析重在景观总体格局的控制。

景观格局一般指景观的空间格局（Spatial pattern），是大小、形状、属性不一的景观空间单元（斑块）在空间上的分布与组合规律。根据景观生态学安全格局的理论，景观格局由斑块、廊道、基质等形成。在规划设计中，要考虑到城市空间中生态系统维系、绿化景观塑造与休闲公园绿地的结合。组成景观格局的主要要素为点、线、面构成的景观绿地与水景要素。

结合城市现状地形地貌、山水、绿地资料，因地制宜，从实际出发；结合城市用地布局，点、线、面结合，分等级布局，根据城市固有景观格局控制要，最终形成系统、均匀布置的绿地景观，满足居民生产生活防护功能的需求，创造具有城市特色的景观格局。

同时，依托现有景观系统往城市纵深渗透，能在城市中创造一种"呼吸空间"，让景观和人充分融合。常见的"绿楔"模式，就是从城市外围由宽逐渐变窄楔入城市的大型绿地。景观廊道的设计也有助于环境的渗透，在城市中将不同的线状、带状的景观要素有序地组织起来，不仅可形成景观通廊，更可形成多样性丰富的生物栖息地。

1. 点要素：景观节点

景观节点在设计中反映为城市的公共开场空间，按照节点层级可分为核心节点、次级节点。

（1）核心节点：主要围绕着城市中的核心蓝绿资源，组织主要公共空间，以大型公共建筑形成城市核心公共空间，在图纸表达中亦塑造为平面表达的中心部分。设计的主要原则如下。

1）围绕公共景观资源塑造核心节点，周边须预留缓冲区域，形成密集活动与自然预留不同层级的景观区域（图 2-1）。

2）重点控制核心景观节点边界，围绕自然边界形成良好的图示界面（图 2-2）。

3）重要景观点周边建筑需要结合绿地或水系形状处理建筑边界，尽可能强化中心图式语言（图 2-3）。

（2）次级节点：主要结合轴线或者线性景观要素进行处理，主要为小型活动空间，可以用以强化城市轴线空间。

1）作为辅助节点，次级节点应控制与主体的层次差别即大小与功能；同时注意与其他方向的轴向进行衔接（图 2-4）。

2）节点图式之间应存在呼应关系，在线型上与轴线形成联系，规则节点与自由节点形成互补和谐关系，注重形体本体动态的向心结构（图 2-5）。

3）注重节点本身的向心结构，节点的紧凑特征决定了节点的聚合模式与所表达的空间语言特征。

图 2-1　功能区划

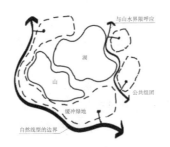

图 2-2　边界控制

图 2-3　建筑形态

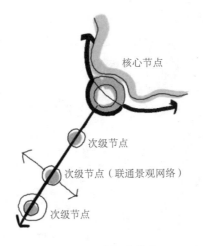

图 2-4　多层次节点

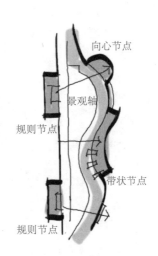

图 2-5　节点有机分布

2. 线要素：景观轴线

景观轴线在大型设计层面主要表现为线型要素，但对于小型区域设计而言，则或为区域地块的景观面域要素。轴线主要为直线型、折线型与自由线型三个层级，如下所示。

（1）直线轴线：常出现于纪念性场地或地貌平坦区域的轴线设计，如北京故宫片区、广州珠江新城片区，体现宏伟和壮大的城市风貌。在轴线的末端，常设竖向节点或景观水平节点。对于轴线的处理往往体现在轴线上节点与边界的设计（图 2-6）。

（2）折线轴线：为直线轴线的异化表现，尤其适用于地形地貌制约、重要历史要素限制的区域，边界处理与直线轴线类似。此类轴线需要强化景观节点的处理，在轴线方向强调主动呼应的空间布局，主要分为单向节点、转折节点与多向节点（图 2-7）。

（3）自由曲线：就轴线定义而言，狭义的曲线形景观轴线必须拥有由构筑物或地面景观要素所隐含的直线或折线轴线关系（参考上述（1）（2）两点介绍）；而广义的曲线景观则多为围绕自然要素组织的带状绿地或水域，在功能上实属于大型节点或面要素景观元素（参考"核心节点"与"面要素"内容）。

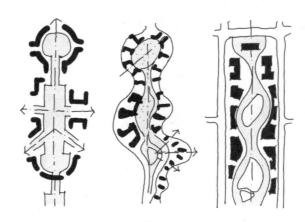

图 2-6　直线轴线模式

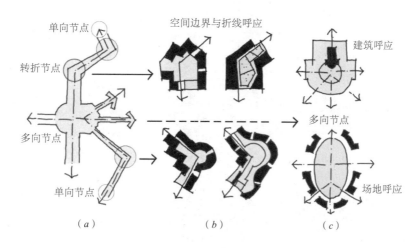

图 2-7　折线轴线模式
（a）节点层次；（b）转折节点；（c）多向节点

3. 面要素：山水资源要素

山水资源要素主要为山、海、湖、农田、林地等特色景观资源。重点需要处理面域景观要素与轴线的联系、渗透关系以及重点处理面域景观界面线型。

（1）边界模式：边界处理关系着城市公共活动界面与自然的交融模式，理论上而言，若单一地块能产生更丰富的景观界面模式、更长的公共景观路线、更符合周边功能复合需求的边界，则被公认为成功的边界处理手法（图 2-8）。

（2）渗透模式：自然要素的渗透理念来自于景观格局的思维，后因为能更大限度地形成城市开场空间的丰富变化，以及形成风道、绿道等功能性通道，在设计中得到普遍的采用。成功的景观渗透处理能形成兼顾生态、景观、功能与空间语言的多样统一（图 2-9）。

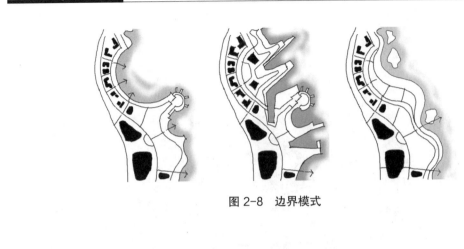

图 2-8　边界模式

图 2-9　渗透模式

（a）指状渗透环状衔接；（b）岛状分布

在城市规划快题设计中，因规划条件相对简单，地块内部及周边的场地要素较少，景观节点常常可以选取在地块的重心、地块边界的中点或地块相邻道路交叉口的角点；景观轴线则可以是串起主次景观节点及山水景观要素的轴线，这样有助于快速构建景观总体格局。

2.3.2　功能布局

1. 功能定位

理论上，城市功能在设计中应优先考虑，必须在设计前对城市的功能定位进行全面分析，对城市将要发生的经济和社会作用做出前瞻性把握。但基于大部分快题设计任务在设计之初已经有了概念规划、总体规划等宏观或细节的制约与规定，对功能定位了有了清晰的指导，因此，城市规划快题设计更加注重的是对于功能的细化与补充，同时细节与系统的功能定位又能为城市总体规划提供重要的思考补充与规划指引。

这里将功能定位（Positioning）分为三个阶段（3C）：背景（Context），理念（Concept）和现状（Contemporary）。

（1）背景：分析当前全球化背景、信息化背景以及社会人文思潮，反思城市发展的模式与终极目标，关注人文的规划；分析我国城市规划是宏观调控在空间中体现的重要手段，考虑当前时段的政策分析也对城市功能有着众多限定；分析区域周边的影响，利用竞合分析，研究周边功能与特点，寻找自我价值与发展模式，这是规划功能定位中最重要的步骤。

（2）理念：分析同类型案例，比较其历史沿革、功能分布、规模容量、周边协作以及其核心发展诉求，为本身设计提供可思考和借鉴的模式；关注规划理论界的传统理论以及当前研究，结合最新的发展与思考研究，对自身规划进行反思，适当地接入相关理论；并利用常见的 SWOT 分析、PARTS 竞合分析、引力分析等。

（3）现状：分析现状地块内部绿色网络与外部承担城市休闲的区域环境，划定合理的生态绿化网络系统；分析如何提高城市中的公共服务与生活品质等。

2. 功能布局

城市中同种活动在城市空间内高度聚集，形成了功能区，各功能区以特定功能为主，没有明确的界限，一般有居住区、商业区、工业区和公共服务区，不同功能区具有特定的建筑群体形态。在功能定位的基础上，对规划地块进行各种功能的空间布局。

（1）居住区

作为城市容纳人的最基本区域，居住区的规划与设计永远是城市化进程的重要议题，城市中占地比例最大的亦是居住用地。当前居住区多依托重要公共服务设施、山水环境进行布局，具有良好的居住环境和公共服务设施（如社区服务、商业、学校、医疗以及交通换乘等）均等的可达性。此外，还有根据区位价值理论进行的区域分异布局，即从城市商业商务中心、重要景观资源以及部分新城所依托的交通综合体形成从中心向外扩散，建筑容量从高到低分布的模式，形成综合性、主题性等社区。

（2）商业区

商业及服务设施用地占城市用地面积的 15%～30%，大多数呈点状、条状或组团状。商业区一般位于城市中心地带的生活型干道两侧或街角路口处，为社区型商业；还集中于对外交通站点周边，对整个对外交通站点周边用地的提升，向聚集化、旗舰化、体验化发展，为组团型商业；还可以把商业与居住、工业结合起来，满足工业区用地的复合型使用需求，提高土地使用效率，满足居民的日常生活需求，为城市商业综合体的模式。因此，商业是联系城市的重要活力因素，具有多层次、多模式的特点，而当前商业地产的发展为城市设计提出了更多的要求。

（3）工业区

工业区一般分布在城市外缘，交通干道两侧。工业区集聚成片，专业化程度比较高、集聚性比较强。工业分为一类工业、二类工业、三类工业，它们对城市的污染程度依次减弱，布置工业区时应注意不要布置在城市的上风向和城市水源的上游，同时考虑布置在交通较为便捷的位置，尽量减少对周边环境的干扰。

（4）公共服务区或公共中心

公共服务区一般是公共服务设施所在的区域范围，是为市民提供各种公共服务，产生社会交往的区域，包括教育、医疗卫生、文化娱乐、体育、社会福利与保障、行政管理、社区服务等方面，配件设施的规模应该与居住人口规模相对应，并且与住宅同步规划建设。公共服务设施应该均匀地分布在城市用地当中，并且保证合理的服务半径需求。在涉及旧城区规划设计时，应按照公共设施以及服务半径的模式进行完善，将现有公共服务区形成组团核心，构成邻里中心模式。而在新城规划时，因当前新城规划实践中，政策驱动力仍属于核心因素之一，因而，公共服务区的选址以及城市设计为规划的重要因素，先行的、催化的公共服务设施设计与实施，能对老城溢流或周边区域涌入居民形成吸引。

3. 土地利用复合集约利用

土地多功能集约利用是通过融合居住、商业、交通、文化休闲等功能来实现的，可以节约资源、节省交通成本等。在城市规划快题设计中，常常因时间紧迫而较少考虑，而在实际土地开发利用时，集约化、复合化是土地利用的重要原则。

复合化利用土地，是指在同一块土地上将多种功能进行组合，尽可能在小的地块上进行尽量多的利用，加大服务于单一土地的空间利用强度。充分发挥混合用地的优势，在同一个时期尽可能为多个目标服务，以统一经济、社会、环境价值。新城市主义中强调城市混合使用的功能，功能分区的概念在这里被弱化，不同土地、不同建筑形式、不同住宅类型等的混合使用对于不同的人群也体现了公平法则，防止了社会阶层的进一步分离，比如一定比例的旅馆可以支持中心办公区的单调生活。

2.3.3 交通组织

城市交通，与城市功能、土地利用、人口分布等影响城市发展的要素紧密结合，直接影响城市的社会经济发展，城市对外交通设施和城市内部客货运设施的布局直接影响城市的发展方向、城市干道走向和城市结构。而道路的通畅会使城市整个结构简单化。道路承担了城市单元边界的角色，道路立面凸显出重要性，强调城市街道的空间特点和景观结构。道路的可识别性和指向性可以提高空间识别，便于灾害逃生和救援，构建清晰的目的地和空间走廊。

1. 设计要点

（1）交通组织应按照城市不同的功能需求规划城市对外交通、公共交通、轨道交通和城市停车设施，包括需求量分析、道路负荷分析等，确定各种交通类别的规模和路线。

（2）各级道路分别为各级城市功能区的分界线，也为联系城市各用地的通道，应按照不同等级、类别的需求，形成完整的道路系统。

（3）道路系统的结构、功能要明确，并且与相邻用地的性质相协调，保持交通通畅，要形成独立的机动车系统、非机动车系统和人行系统。

（4）道路的规划应符合城市的自然地理条件，包括地形条件和气候条件，使城市与环境很好地结合，并有利市通风。道路布局要满足各种管线的铺设需求，为其预留足够的空间，并且满足各种覆土和坡度的需求。

（5）应保证道路与对外交通设施、广场、公园、空地等紧急避难场所的通畅，满足城市道路网密度的需求和救灾通道标准。

2. 道路网密度与等级

（1）道路网密度

城市道路网密度要兼顾城市各种生活的不同要求，过小则交通不便，过大则造成用地和投资的浪费，同时也影响城市的通行能力。中国从古代匠人营国开始，主要就是"井田式"道路网，强调整个街区的完整性，现在主要是单位分割下的城市路网形态，城市的道路网密度均比较低。美国形成以小汽车为主导的交通模式，城市形态比较分散和低密度，因此增加了在道路上行驶的时间，TOD 模式是美国为解决以低密度开发和小汽车交通为主体的城市扩展给城市带来交通拥堵、空气污染、土地浪费、内城衰退和邻里观念淡薄等问题而产生的。

TOD（Transit-Oriented-Development）是"以公共交通为导向"的开发模式，是一种以公共交通为中枢，综合发展的步行化城区，以实现各个城市组团紧凑型开发的有机协调模式。这种模式是现阶段比较推行的模式。

我国城市道路中各类道路的密度见表 2-2。

不同城市规模的道路网密度　　　　　　　　　　　　表 2-2

项目	城市规模与人口规模（万人）		干路		支路
			主干道	次干道	支路
道路网密度（km/km²）	大城市	＞200	0.8~1.2	1.2~1.4	3~4
		≤200	0.8~1.2	1.2~1.4	3~4
	中等城市		1.0~1.2	1.2~1.4	3~4
	小城市	＞5	3~4		3~5
		1~5	4~5		4~6
		＜1	5~6		6~8

注：引自《城市道路交通规划设计规范》GB 50220—95。

（2）道路网等级

1）主干道（全市性干道）：主要联系城市中的主要工矿企业，主要交通枢纽和全市性公共场所等，为城市主要客货运输路线，一般红线宽度为 30~45m；当前逐渐出现了新的模式，如主干道剥离出快速通道、BRT（快速公交）公共交通整合，以及林荫大道等。

2）次干道（区干道）：为联系主要道路之间的辅助交通路线，一般红线宽度为 25~40m；车行道 13~20m。次干道需要处理的是人行道与车行的关系，尤其是兼容绿道系统的次干道。

3）支路（街坊道路）：是各街坊之间的联系道路，一般红线宽度为 12 ~ 15m。车行道 7 ~ 9m。重点处理路口步行节点区域。

3. 道路网形态

（1）方格网形道路（图 2-10）

方格网形道路在城市各个方向扩展，便于分散交通，划分街坊规整，在功能布局上的灵活性较强，但是对角线上的交通性较差，非直线系数大，为了缩短距离，建议在对角线上加设道路。

（2）环形道路（图 2-11）

环形道路由同心圆和放射形结构组成，常见于城市的快速增长阶段——圈层扩张。放射形道路从城市中心呈放射状延伸，增强了城市中心与郊区的联系，环形干道有利于市中心外各区的相互联系，但容易产生许多不规则的街坊，不利于建筑布局。

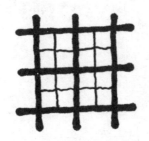 

图 2-10　方格网形道路模式　　　　图 2-11　环形道路模式

（3）自由形道路（图 2-12）

自由形道路指根据不同地域的地形地貌来组织道路结构，不用规则的几何形式，多依山就势，不仅能取得良好的经济效果和人车分流效果，而且可以形成丰富的景观。

（4）混合形道路（图 2-13）

混合形道路指将两种或者两种以上的道路网形式混合起来使用来优化道路网结构，弥补各个道路网结构的不足，提高城市主干道的通过效率。

 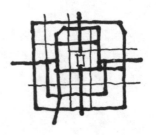

图 2-12　自由形道路　　　　图 2-13　混合形道路

4. 道路网络设计技巧

路网是骨架与结构，决定了规划方案的雏形，因此实用、经济并且兼具空间景观特色的路网结构决定着设计的成败。纵观城市设计中的优秀案例，剥离开设计中现实条件的制约，我们或可尝试找出路网形态塑造的技巧。大致可分为三个步骤：主形塑造、平行扩张、网络铺设。

（1）结合特点塑造主形

比较常见的是围绕着山水地形的边界，形成主导性的图案，构成城市空间中的视觉焦点。在地形相对平坦的区域，则是围绕绿地或塑造水系，形成明晰的城市空间结构。如同我们评价一个成功的建筑或绘画作品一样，具有明确中心的构图能让人过目不忘，亦是好作品的前提（图 2-14）。

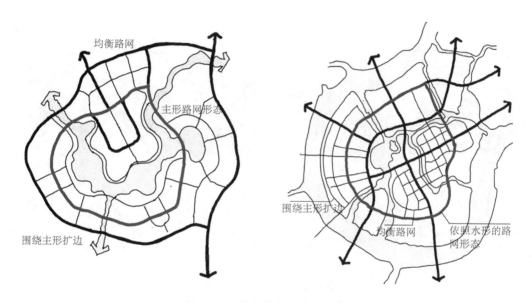

图 2-14　结合特点塑造主形模式

（2）围绕中心平行扩张

制定出中心结构策略之后，一切的工作就显得简单很多，接下来就是围绕着主要形式进行平行的辐射和扩张，在 CAD 里有个偏移复制（Offset）的命令，有着异曲同工之妙。围绕主形的平行或垂直构架，有助于强调主体的空间结构，进一步凸显空间特点（图 2-15）。

（3）均匀网格拓扑围合

经过上面两步，大部分路网设计主体结构已完成，但是最后这一步，完善路网细节的工作其实是很重要的，成熟的规划师所设计的路网草图往往显得均匀、平衡，而缺少训练的设计师则习惯用垂直正交网络，显得生硬，呆板，尤其是在十字网格结束于异形空间时的收尾（图 2-16）。

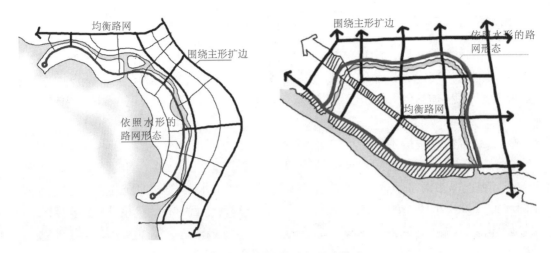

图 2-15　围绕中心平行扩张模式

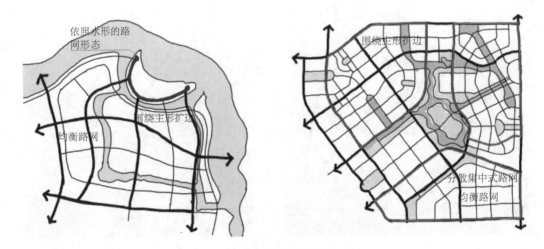

图 2-16　均匀网格拓扑围合

5. 静态交通

静态交通是指非行驶状态下的交通形式，静态交通设计主要包括停车场等的设计，要对停车量进行预测，选择合适的停车形式和出入口位置，设置合理的回转半径。我国城市道路交通规划设计规范规定，城市公共停车场的用地总面积按照规划城市人口每人 0.8～1.0m² 进行计算，其中：机动车停车场的用地为 80%～90%，自行车停车场的用地为 10%～20%。建议停车场的服务半径为：机动车公共停车场的服务半径，在中心地区不应大于 200m，一般地区不应大于 300m；自行车公共停车场的服务半径宜为 50～100m，并不大于 200m。停车场的布置一般选择在对外交通设施附近和大量人流汇集的文化生活设施附近，一般的中小型停车场可在其所服务的地区内选择，自行车停车场一般在沿道路的空余地段或者其服务的地区内。

2.3.4　开放空间

　　开放空间又称开敞空间或旷地，指在城市中向公众开放的开敞性共享空间，亦指非建筑实体所占用的公共外部空间以及室内化的城市公共空间。城市开放空间是城市形体环境中最易识别、最易记忆、最具活力的组成部分。

　　在规划设计中，开放空间是主要的设计对象之一，在城市空间中，开放空间是可以留住人，并进行社会活动，促进人与人之间交流的场所。城市开敞空间包括公园、广场、街道、室内公共空间等，这些空间在城市中应有便利的交通，有机地组织城市空间和人的行为；有易于识别的特征，各类元素与城市协调有序，延续城市自然和文化景观，构成功能与形式丰富多彩的场所情境；这些空间是城市形象建设的重点，也是树立城市形象的关键。开敞空间有边界、场所、节点、连续性这几个特征，设计中要重点抓住这些特征（图 2-17）。

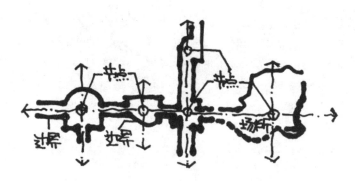

图 2-17　开放空间的特征要素

1. 边界

　　开放空间的边界，通常是开放空间设计中最敏感的部分，是形成不同空间感觉的关键；设计中要把握开敞空间的边缘，对边界进行界定，可虚可实，可利用天然屏障界限，还可利用人工构筑物，要营造出空间的整体感和连续感。开放空间的边界一定程度上和城市景观环境的边界相吻合（图 2-18）。

2. 场所

　　场所的设计则必须根据每一个具体空间的特性、功能需求来决定其规模、尺度、空间结构、空间意象、环境设施等要素的布局。场所分为广场空间、街道空间、滨水空间等，不同的类型都要满足它的开放性、社会性、功能性和宜人性。在开放空间系统中，场所的塑造主要决定着系统的形态与语言，要求场所必须具有相对的完整性和功能性，在空间语汇中则要求形式明确，大多由基本几何形态组合而成。

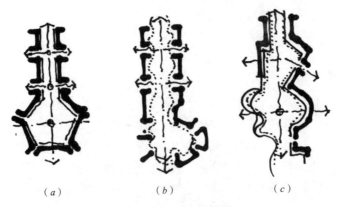

图 2-18 开放空间界限

（a）清晰边界；（b）不确定边界；（c）软硬结合边界

3. 节点

节点是城市功能组织的重心，居住、工作、娱乐、交通等城市基本功能均与城市节点有直接的联系，它是景观的重要控制点，还可以帮助人识别方向和距离，起到城市标志的作用。城市节点须与周围建筑群体呼应，与周围空间形成对比，并创造良好景观条件，周围的景观在节点处达到高峰，同时要合理布置环境设施。节点可由场地或者建筑组成，形成软性或硬质的节点模式，并且必须在图式空间上有足够的表达与强调（图 2-19）。

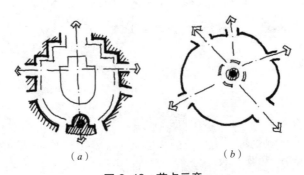

图 2-19 节点示意

（a）建筑节点；（b）空间节点

4. 连续性

城市开放空间要形成体系，自然要形成一定的连续性，要结构合理，做到点、线、面的相结合和轴线的塑造。最能体现城市开放空间连续性的是城市轴线，它是由城市开放空间体系和城市建筑的关系表现出来的，一般是通过营造城市连续的绿道来形成景观轴线，绿道周边的建筑要建设成有序的整体，形成建筑空间通廊，并且符合人的视觉轴线，并且要与周边环境相协调。此种连续性的示意在环境分析部分"有关线要素：景观轴线"的相关内容中已做说明，在此不再赘述。

2.3.5　建筑布局

建筑布局对城市影响的关键不是单个实体的优劣，而是建筑群体的组合，整体反映城市的历史发展和城市文化特征。建筑群体由多个建筑单体建筑构成，在城市规划快题设计中，虽不强调单体建筑的设计，但要求对建筑群体的布局、功能、形态和单体建筑的形态、体量、风格等提出合理的控制和引导要求。

单体建筑的形态受其建筑性质的影响，不同功能性质的建筑有各自不同的建筑单体形态，在建筑体量、风格上也会各不相同。下面主要从体量、风格上介绍不同建筑单体形态，不同功能性质的建筑单体形态在"方案深化这一节的建筑群体详细设计部分"介绍。

1. 建筑体量

建筑体量的设计要与城市空间环境相协调，要形成和谐的城市空间，设计中要注意建筑的形式及用途，设计中保证不同建筑之间的和谐关系；注意建筑的比例、尺度等，设计中避免过大体量的建筑对整体建筑群空间和谐的破坏；设计中还要保证建筑间距、建筑后退红线距离、建筑密度，保证建筑群体在用地范围内的协调。还要注意一般类型的建筑体量规格，保证每类建筑的基本尺度要求（表 2-3）。

常见建筑体量与造型　　　　　　　　　　　　　　　　　表 2-3

建筑类型	建筑尺度	建筑造型
居住建筑	一个户型：10m×12m～15m×12m	根据户型确定，比如一梯四户
商业建筑	商业建筑种类繁多，规模不一，一般为大体量建筑	形式多样
工业厂房	一间厂房：24m×18m	一般为规则长方形
公共建筑	根据不同功能尺寸不一，如办公建筑长60～80m，宽20～60m；会展中心为80m×50m～150m×90m；教学楼为60m×20m～80m×40m	根据不同功能确定，建筑形式相对多样化

2. 建筑风格

建筑风格是建筑风貌和色彩的体现，在设计中要注重城市文化的体现和新旧建筑的和谐；同时要保护历史建筑，且与历史建筑相协调，营造特色城市风貌。

一般的城市风貌和色彩要符合自然美的原则，不要与大自然竞争，而要尽量保护并提取出自然色，比如徽派建筑的颜色和风格既体现了对自然山水的尊重，又使其融入山水之中；还要秉着与大自然相和谐的原则，在城市与自然的差异中寻求统一与和谐（图 2-20）；比如青岛等滨海城市营造了"红瓦绿树碧海蓝天"的城市特色，红色是人工构筑屋顶的颜色，其鲜亮的颜色正好与碧水蓝天相既形成对比又统一，还能对远航轮船起到标志性作用，巧妙地将自然色借用，做到与大自然的统一和谐（图 2-21）；一般的历史性街区最能体现城市的历史文脉，所以新建的建筑一定要与原有的建筑风貌相统一，色调一致，比如西安市城墙内的建筑改造过程中采用唐代长安城的青砖红柱，对这座历史名城文脉起到延续作用（图 2-22）；城市中的建筑功能各不相同，一些建筑有它鲜明的特征，而这些特征也会从风貌色彩中体现出来，比如幼儿园通常采用轻快明亮的色调，建筑形式比较活泼（图 2-23）。

图 2-20　徽派建筑

图 2-21　青岛建筑

图 2-22　西安建筑

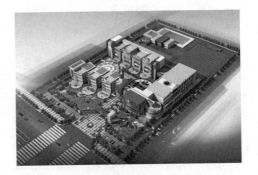

图 2-23　幼儿园建筑

2.4　方案深化

在设计构思的基础上，进一步深化设计方案，完成总平面图的绘制。理论上，城市规划快题设计应该按照修建性详细规划的深度进行完善，然而由于其时间短，故只要求完成方案的主体部分和适当的辅助说明。近几年，高等院校硕士研究生入学考试和用人单位的招聘考试逐渐对规划设计者进行更加全面、综合的考查，如对城市总体规划或控制性详细规划相关内容的考查，并适当增加相应成果的绘制。其中，总平面图仍然是重要内容，应达到如下深度。

（1）图纸比例一般为 1∶500 ~ 1∶2000，应标明规划建筑、绿地道路、广场、停车场、河湖水面的位置和范围；

（2）应注明保留的地形和地物（原有的建筑物／构筑物位置、名称、层数、建筑间距，规划范围内须保留的建筑物、古树名木、历史文化遗存等）；

（3）应标明规划用地范围，标注城市道路红线、绿线和其他控制线的位置；

（4）应标明地块主要出入口、主要建筑出入口，标注主要道路、主要建筑的名称以及周边用地性质；

（5）应列出主要技术经济指标，如规划用地面积、总建筑面积及各分项建筑面积、容积率、建筑密度、绿地率、停车泊位数，以及主要建筑或核心建筑的层数等指标；

（6）应绘制指北针或风玫瑰图、比例尺等。

2.4.1　道路交通详细设计

依据总平面图的绘制深度，下面将从城市道路、内部道路、步行交通和静态交通四个方面进行道路交通深化设计。

1. 城市道路

城市中若干条道路以及交叉口构成城市的道路网络体系，承载着交通运输、应急避难等功能，是城市发展和建设的骨架，建筑与各类活动空间的依托，对城市发展起着引导作用。在大地块的快题设计中，常会涉及土地利用规划和城市道路交通规划（如概念性城市设计），因而需要对城市道路规划设计有一定了解。城市道路一般分为快速路、主干路、次干路、支路四个等级[5]。

（1）快速路

快速路应为城市中大量、长距离、快速的交通服务，并与其他干路构成系统，且应与城市高速公路有便捷的联系。快速路应当设中央分隔带；快速路与快速路或主干路相交处应设置立交；快速路两侧不设置公共建筑出入口；快速路穿过人流集中的地区，应设置人行天桥或地道；快速路两侧应考虑港湾式公交停靠站（图 2-24）。

（2）主干路

主干路是城市道路系统的骨架网络，主要用于城市分区之间的联系，承担中远距离的交通出行任务。主干路上的机动车与非机动车应当分道行驶；主干路两侧不宜设置公共建筑出入口；主干路机动车道两侧应考虑港湾式公交停靠站（图 2-25）。

（3）次干路

次干路兼有"通"和"达"的功能，以承担城市分区内的集散交通为主。次干路两侧可设置大量的公共服务设施，并可设置机动车和非机动车停车场；次干路上有较多的公交线路，机动车道两侧应考虑港湾式公交停靠站和出租车服务站（图 2-26）。

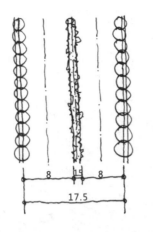

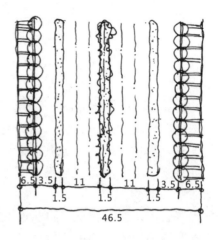

图 2-24　快速路示意图（单位：m）　　图 2-25　主干路示意图（单位：m）

（4）支路

支路与次干路，以及居住区、工业区、市中心、市政公用设施用地、交通设施用地等内部道路连接；支路不能与快速路机动车道直接连接；在快速路两侧的支路需要连接时，应采用分离式立体交叉的方式跨过或穿过快速路（图 2-28）。

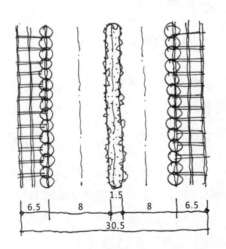

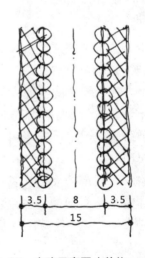

图 2-26　次干路示意图（单位：m）　　图 2-27　支路示意图（单位：m）

根据城市道路功能与等级的不同，又按照人车分流、机非分流、快慢分流以及各行其道的原则，城市道路横断面可以布置成不同的形式。其中，根据机动车与非机动车交通的不同组织方式划分，车行道又可分为单幅路（图 2-28）、双幅路（图 2-29）、三幅路（图 2-30）和四幅路（图 2-31）。根据国内各城市道路建设的经验，机动车道（指路缘石之间）的宽度，双车道取 7.5 ~ 8.0m，三车道取 11m，四车道取 15m，六车道取 22 ~ 23m。

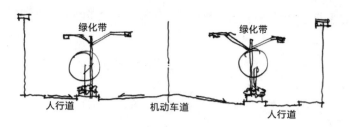

图 2-28　单幅路

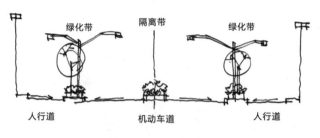

图 2-29　双幅路

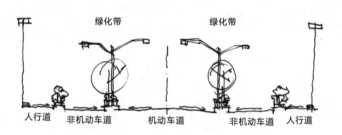

图 2-30　三幅路

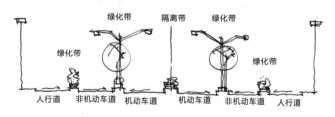

图 2-31　四幅路

2. 内部道路

　　内部道路一般是相对完整且有明确边界的功能区的内部车行道路，是地块内主要道路、次要道路、支路等的总称。在城市规划快题设计中，除了城市道路的规划设计，通常还会涉及地段内部道路的规划设计。

地段内部的主要道路是解决规划地段内外交通联系和规划地段内部主要功能组团之间联系的主要要素，也是规划方案的主要结构要素。单车道路宽度不应小于4m，双车道路不应小于7m。次要道路一般是辅助解决规划地段内主要功能组团之间的交通联系和功能组团内部交通的道路。在城市规划快题设计中，地段内部次要道路一般为单车道或双车道，路面宽6~9m。支路是解决规划地段内建筑出入口与主要道路或次要道路之间联系的道路，地段内部支路一般为单车道，路面宽3~5m。在住区规划中的宅前小路，路面宽不宜小于2.5m。

在城市规划快题设计中，地段内部主要道路一般有1~4个车道。在《民用建筑设计通则》GB50352—2005中，城市规划对建筑限定这一章节有如下规定。

（1）基地内建筑面积小于或等于3000m²时，基地道路的宽度不应小于4m，基地内建筑面积大于3000m²且只有一条道路与城市道路相连接时，基地道路的宽度不应小于7m（图2-32），若有两条以上基地道路与城市道路相连接时，基地道路的宽度不应小于4m（图2-33）；

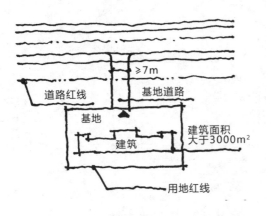

图2-32　一条基地道路与城市道路相连

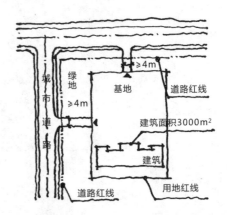

图2-33　两条基地道路与城市道路相连

（2）基地机动车出入口与大中城市主干道交叉口的距离，自道路红线交叉点量起不应小于70m（图2-34）；

（3）基地出入口与人行横道线、人行过街天桥、人行地道（包括引道、引桥）的最边缘线不应小于5m（图2-35）；距地铁出入口、公共交通站台边缘不应小于15 m（图2-36）；

（4）基地出入口距公园、学校、儿童及残疾人使用建筑的出入口不应小于20m（图2-37）；

（5）大型或特大型的文化娱乐、商业服务、体育、交通等人流密集建筑的基地应至少有一面直接临接城市道路，该城市道路应有足够的宽度，以减少人流疏散时对城市正常交通的影响；该基地应至少有两个或两个以上不同方向通向城市道路的（包括以基地道路连接的）出口（图2-38）；该基地或建筑物的主要出入口，不得和快速道路直接连接（图 2-39），也不得直对城市主要干道的交叉口（图 2-40）；该基地上的建筑物主要出入口前应有供人流集散用的空地，其面积和长宽尺寸应根据使用性质和人数确定。

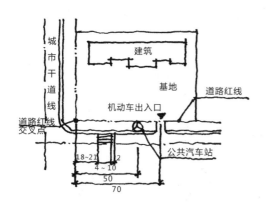

图 2-34　基地出入口与城市主干道
交叉口（单位：m）

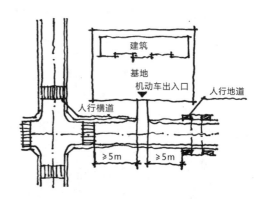

图 2-35　基地出入口与人行横道、
人行通道的距离

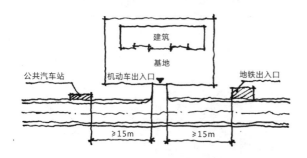

图 2-36　基地出入口与公共交通站台距离

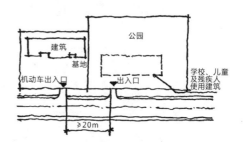

图 2-37　基地出入口与公园出入口、学校、
儿童及残疾人使用建筑的距离

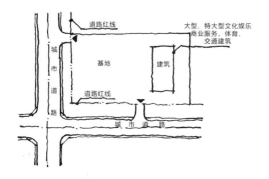

图 2-38　人流密集建筑的基地开口要求

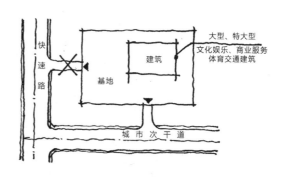

图 2-39　基地的主要出入口不得与
快速路直接连接

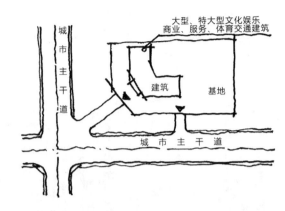

图 2-40　基地的主要出入口不得直对城市主要干道的交叉口

3.步行交通

步行交通一般包括人行道、人行天桥、人行地道、商业步行道（步行街）、城市滨水步道和林荫道等，应与居住区的步行系统，与城市中车站、码头集散广场，城市游憩集会广场等步行系统紧密结合，构成一个完整的城市步行系统（图 2-41）。在城市规划快题设计中，常涉及的有人行道、商业步行道、城市滨水步道以及绿地步行道。

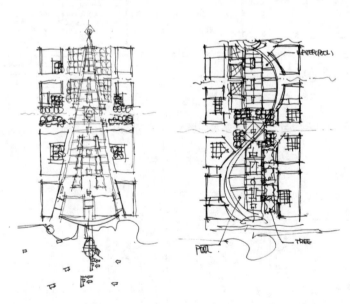

图 2-41　步行空间与建筑群体关系

（1）人行道

人行道是城市中的主要公共区域，是各种人共存的活动场所。人行道的布置与道路等级，以及行人与沿街建筑的联系有关。城市支路，沿街多为住宅，人行道宜离建筑 1m 以上的间距 [图 2-42（*a*）]；沿街底层为商业时，人行道可紧贴建筑，在靠车行道一侧布置绿带或公交停靠站及其他各种设施 [图 2-42（*b*）]。在城市次干路，繁华的商业街上，可用绿带将人行道分为两部分，靠车行道一侧的人行道供过路者快速行走，靠建筑一侧的人行道供购物者慢行 [图 2-42（*c*）]。在城市快速路上，人行道与机动车道应严格分离，快速路上的车辆要停车必须驶入边上平行的铺路（支路），才能让行人上下车 [图 2-42（*d*）、图 2-42（*e*）]。跨过快速路的行人必须从行人天桥或地道内通过。在我国南方城市，风雨多且炎热，或旧城道路拓宽而沿街建筑须保留时，可以采用骑楼的形式，将人行道置于骑楼下 [图 2-42（*f*）]。城市道路横断面宽度受地形等条件限制时，可在两侧做不同的步行道，或单边设置（图 2-43）。《城市道路设计规范》（CJJ 37—2012）中对城市中人行道最小宽度做了规定，见表 2-4。

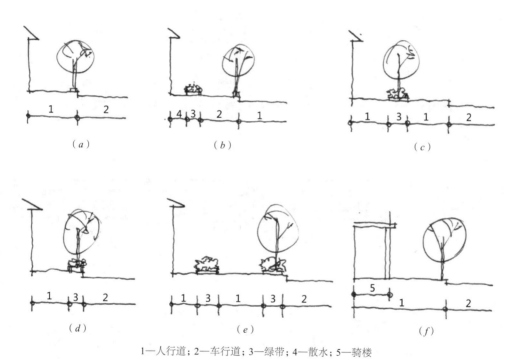

1—人行道；2—车行道；3—绿带；4—散水；5—骑楼

图 2-42　人行道布置形式（单位：m）

图 2-43　不同标高的人行道设计

人行道最小宽度　　　　　　　　　　　　　表2-4

项目	人行道最小宽度（m）	
	一般值	最小值
各级道路	3.0	2.0
商业或公共场所集中路段	5.0	4.0
火车站、码头附近路段	5.0	4.0
长途汽车站	4.0	3.0

（2）商业步行道

商业步行道是指在以步行交通方式为主体的城市商业街中设置的行人专用道。它不仅满足商业买卖的需求，还兼顾城市交通的功能，一般是人车共用。当然，随着"以人为本"的设计理念的贯彻，也出现了许多街道改造成只供人行的商业街道，更大限度地将人与车分流，使商业步行街道更加完善、安全以及舒适。商业步行道是城市商业街中不同功能的联系要素，运用点、线、面的设计手法，对垂直空间、序列空间、围合空间进行限定。宏观以线性空间为主导，中观以复合型空间为基调，微观围绕多元化设计手法打造一个城市橱窗、一张城市的名片，商业步行道内设置绿地、水体和景观小品等，形成良好的步行环境[6]（图2-44）。

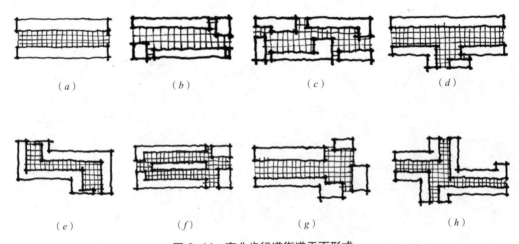

图2-44　商业步行道街道平面形式

（a）贯通式；（b）串联式；（c）街场串联式；（d）丁字式；（e）内封闭式；（f）双街式；（g）街场结合式；（h）风车式

（3）滨水步道

滨水步道是指为了满足公共的通行、休闲、娱乐、健身、观光的需求，而在紧邻水系如河川、溪流、湖泊、大海、湿地、沼泽等的岸边建设的只允许步行以及自行车通行的无机动车干扰的道路。它将水系与陆地联系起来，保证人们在亲近自然的同时享有安全保障以及配套的公共设施，并且在关键的节点，有专门的标识系统指引。滨水步道常结合水系、绿化植被、公共设施等元素构成滨水步道景观（图 2-45）。

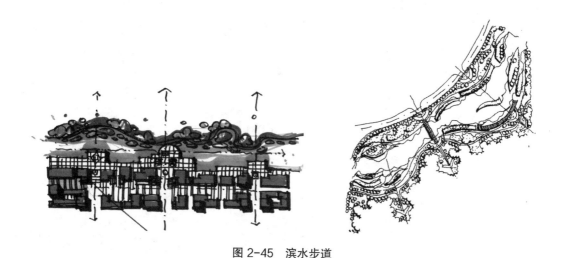

图 2-45　滨水步道

（4）绿地步行道

绿地步行道是指较大公共绿地中的步行道，用以连接绿地中的各个景点或节点，满足人们在绿地中行走、游憩等功能。在公共绿地的步行道规划设计中，同样注重步行道等级关系的表达。一般可以公共绿地内的主要步行道为结构要素进行绿地划分和节点布置，然后通过多条步行小道满足公共绿地的趣味性和可达性要求（图 2-46）。

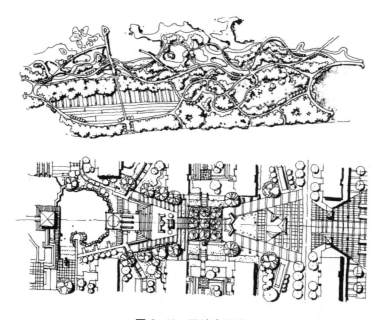

图 2-46　绿地步行道

4. 静态交通

静态交通是指由公共交通车辆为乘客上下车的停车、货运车辆为装卸货物的停车、小客车和自行车等在交通出行中的停车等行为的总称。静态交通是动态交通的延续，是城市交通系统中的重要部分。下面主要对城市规划快题设计中的机动车停车场规划设计要点加以说明（图 2-47）。

（1）机动车停车场的出入口不宜设在主干路上，可设在次干路或支路上并远离交叉口，不得设在人行横道，公共交通停靠站以及桥隧引道处，距人行天桥应大于或等于 50m。

（2）机动车公共停车场的服务半径，在市中心地区不应大于 200m；一般地区不应大于 300m；自行车公共停车场的服务半径宜为 50~100m，并不得大于 200m。

（3）机动车公共停车场中，少于 50 个停车位的停车场，可设一个出入口，其宽度宜采用双车道；50~300 个停车位的停车场，应设两个出入口；大于 300 个停车位的停车场，出口和入口应分开设置，两个出入口之间的距离应大于 20m。

（4）机动车公共停车场用地面积，宜按当量小汽车停车位数计算。地面停车场用地面积，每个停车位宜为 25~30m²；停车楼和地下停车库的建筑面积，每个停车位宜为 30~35m²。摩托车停车场用地面积，每个停车位宜为 2.5~2.7m²。自行车公共停车场用地面积，每个停车位宜为 1.5~1.8m²。

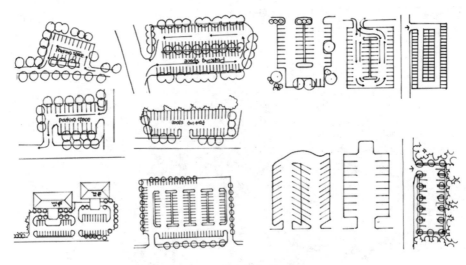

图 2-47　常见机动车停车场画法

2.4.2　景观环境详细设计

在环境分析和开放空间设计的基础上进行景观环境的详细设计，包括广场设计、绿地设计以及运动场地的规划布局。

1. 广场

广场是由于城市功能上的要求而设置的，供人们活动的空间，通常是城市居民社会活动的中心，一般位于城市道路的交叉口、空间结构的重心以及城市或地段的中心位置。日本的芦原义信指出：广场强调的是城市中由各类建筑围合成的城市空间。一个名副其实的广场，在空间构成上应具备以下四个条件。

（1）广场的边界线清楚，能成为"图形"。此边界线最好是建筑外墙，而不是单纯遮挡视线的围墙。

（2）具有良好的封闭空间的"阴角"，容易构成"图形"。

（3）铺装面直至广场边界，空间领域明确，容易构成"图形"。

（4）周围的建筑具有某种统一和协调，宽高有良好的比例。

在城市规划快题设计中，常涉及的广场按照使用功能划分，有市政广场、交通集散广场、商业广场、休闲文化广场、园林广场等。

（1）市政广场（图 2-48）

市政广场是指用于政治集会、庆典、游行、检阅、礼仪、传统民间节日活动的广场。大城市中市政广场及其周围以行政办公建筑为主，如市民广场，中小城市的市政广场周边可集中安排城市的其他主要公共建筑物，如镇政府前广场。市政广场具有强烈的城市标志作用，规整大气，往往安排在城市中心地带，或布置在通向市中心的城市轴线道路节点上。

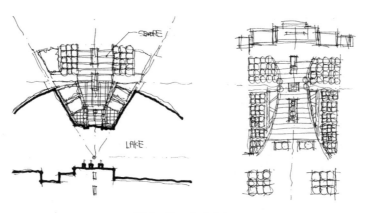

图 2-48 市政广场

（2）交通集散广场（图 2-49）

交通集散广场是指有数条交通干道的较大型的交叉口广场或城市中主要人流和车流集散点前面的广场。主要功能是组织和处理好广场与所衔接道路的关系，为人流、车流集散提供足够的空间，具有交通组织和管理的功能，同时还具有修饰街景的作用。在广场四周不宜布置有大量人流出入的大型道路；主要建筑物也不宜直接面临广场；应在广场周围布置绿化隔离带，保证车辆、行人顺利和安全地通行。

（3）商业广场（图 2-50）

商业广场是指专供商业贸易建筑、商亭而建的，供居民购物，以及进行集市贸易活动用的广场。

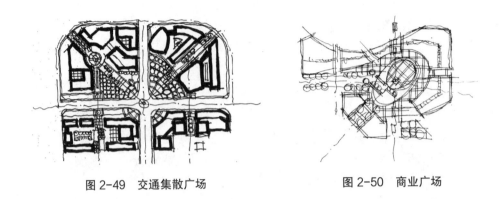

图 2-49　交通集散广场　　　　　　　　　图 2-50　商业广场

（4）休闲文化广场（图 2-51）

休闲文化广场主要为市民提供良好的室外活动空间，满足节假日休闲、交往、娱乐的功能要求，如休闲文化广场、游园文化广场等。因此，休闲文化广场常选址于代表一个城市的政治、经济、文化或商业的发展状况的中心地段，有较大空间规模（局部空间环境塑造方面常利用点、线、面结合，立体结合）的广场绿化，保证广场具有较高的绿化覆盖率和良好的环境。广场空间应具有层次性，常利用地面高差、绿化、建筑小品、铺地色彩、图案等多种空间限定手法对内部空间做限定。

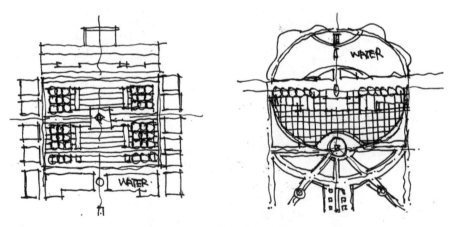

图 2-51　休闲文化广场

（5）园林广场（图 2-52）

园林广场主要指与城市现有的绿地、花园和城市自然景观相结合，以塑造园林景观为主要功能的广场。规模一般不大，与周围天然的花卉山石构成怡人的生态环境。

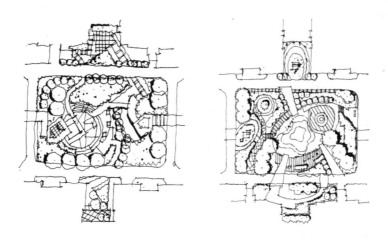

图 2-52　园林广场

园林广场的主要作用是为人们提供一个幽雅的、放松身心的环境，它的主要作用在于美化城市，因绿地率高，常类似于城市公园。

2. 绿地

城市绿地按照《城市绿地分类标准》CJJ/T 85—2002 的规定划分为公园绿地（G1）、生产绿地（G2）、防护绿地（G3）、附属绿地（G4）以及其他绿地（G5）五大类。其中，公园绿地（G1）和附属绿地（G4）是城市中的主要绿地形式，也是城市规划快题设计中常常涉及的绿地类型。

公园绿地（G1）是指城市中向公众开放的，以游憩为主要功能，有一定的游憩设施和服务设施，同时兼有健全生态、美化景观、防灾减灾等综合作用的绿化用地，包括综合公园（图 2-53）、社区公园（图 2-54）、专类公园、带状公园（图 2-55）和街

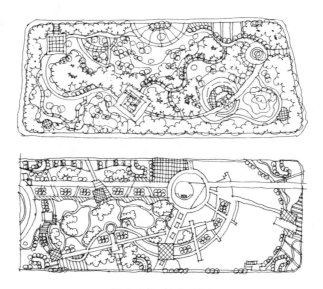

图 2-53　综合公园

旁绿地（图 2-56）。

　　附属绿地（G4）是指城市建设用地中除绿地之外其他各类用地中的附属绿化用地。包括居住用地、公共设施用地、工业用地、仓储用地、对外交通用地、道路广场用地、市政设施用地和特殊用地中的绿地。在城市规划快题设计表达中，常以软质绿化为主，适当增加硬质铺装、树木、水体等景观要素（图 2-57）。

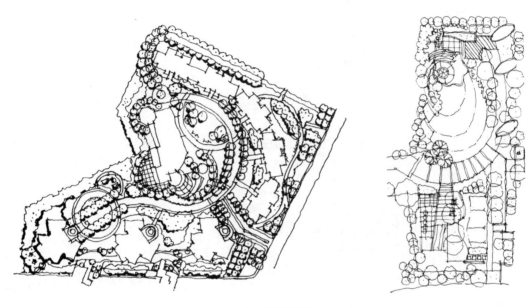

图 2-54　社区公园

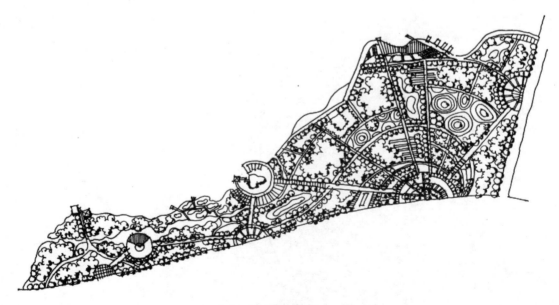

图 2-55　带状公园（一）

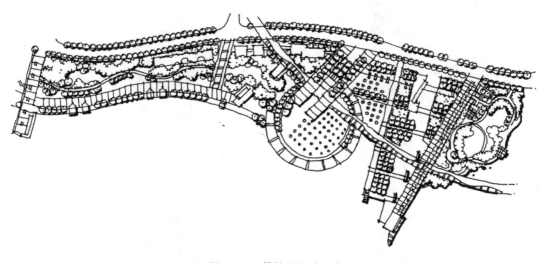

图 2-55　带状公园（二）

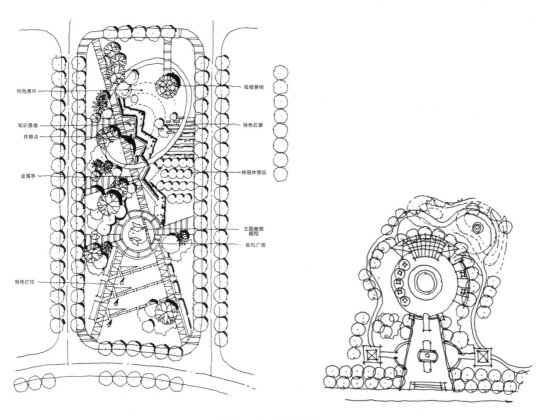

特色草坪

知识景墙

休憩点

金属亭

特色灯柱

孤植景树

特色石景

林荫休憩区

主题雕塑
翱翔

砾石广场

图 2-56　街旁绿地

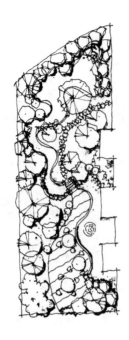
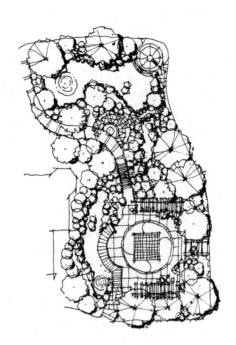

图 2-57　附属绿地

3. 运动场地

运动场地是指用于体育锻炼或比赛的场地。在城市规划快题设计中，常涉及的运动场地主要有 400m 田径场（图 2-58）、200m 田径场（图 2-59）、篮球场（图 2-60）、排球场（图 2-61）、网球场（图 2-62）、羽毛球场（图 2-63）以及乒乓球场（图 2-64）等。运动场地应整体美观，地势开阔，空气新鲜，阳光充足，且周围有足够的余地。应设置在交通方便的地方，便于人们使用和观看比赛。

运动场地原则上应以南北方向为好（考虑日照方向），因为运动一般多在白天进行，应避免光线刺眼。若不设看台的场地，可在两侧种植高大的树木，这样可在上下午起到遮阳的作用，如果条件允许最好设南北向。

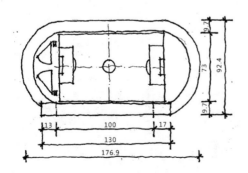

图 2-58　400m 田径场（单位：m）

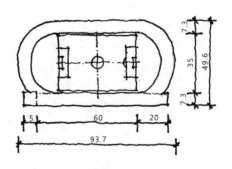

图 2-59　200m 田径场（单位：m）

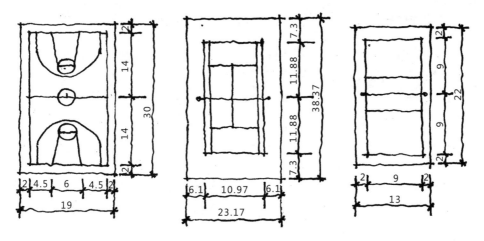

图 2-60　篮球场（单位：m）　　图 2-61　网球场（单位：m）　图 2-62　排球场（单位：m）

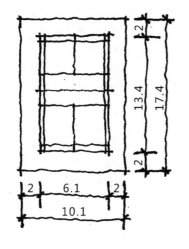

图 2-63　羽毛球场（单位：m）

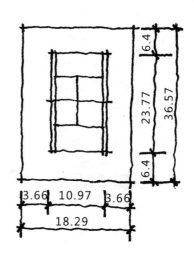

图 2-64　乒乓球场（单位：m）

2.4.3　建筑群体详细设计

建筑群体各个要素应当有序组合，既要有合理的独立性，又要有联系性。群体设计实质上是一种秩序设计，这种秩序性包含一定的精神含义，是整个群体集中力量的体现。正如弗朗西斯在《建筑：形式、空间和秩序》中提到的"有秩序而无变化，结果是单调和令人厌倦；有变化而无秩序，结果则是杂乱无章。统一之中富于变化是一种理想的境界"。

在功能定位和建筑布局的基础上进行建筑群体详细设计，按照不同使用功能划分，一般有居住区、商住混合区、商业区、商办混合区、文化中心区、行政中心区、公共服务区、产业园区等。不同建筑群体空间由不同类型单体建筑组合而成，同时应反映出特定的使用功能。

1. 居住区建筑群体空间

居住区建筑群体空间是指主要由居住建筑和配套服务设施组合而成的建筑群体空间，按照住宅建筑高度划分，有低层住宅建筑群体空间、多层住宅建筑群体空间和高层住宅建筑群体空间。

（1）低层住宅建筑群体空间

低层住宅建筑群体空间是指主要由多个1~3层的住宅建筑组合而成的建筑群体空间，一般有别墅区、乡村住宅区。别墅区的建筑密度很低，容积率一般小于1，绿化率较高，强调景观均好性。乡村住宅区是新农村规划中的重要内容，建筑密度相对城市别墅区较高，强调保护村庄传统风貌和历史格局。

（2）多层住宅建筑群体空间

多层住宅建筑群体空间是指主要由4~6层的住宅建筑组合而成的建筑群体空间，一般有花园洋房区、普通多层住宅区（图2-65）。花园洋房区一般是6层以下多层板式建筑，以4层为主，外国建筑风格明显，强调景观均好性，绿化率比较高，普遍位于远郊区一带，一般首层赠送花园，顶层赠送露台。普通多层住宅区一般是四层到六层，由两个或两个以上户型上下叠加而成的住宅，多层住宅可以不设置电梯，楼梯往往作为多层住宅的主要上下楼通道。

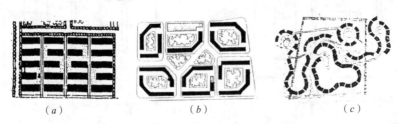

图 2-65　多层住宅建筑群体空间

（a）行列式；（b）围合式；（c）自由式

（引自网络）

（3）高层住宅建筑群体

高层住宅建筑群体空间是指主要由7~9层的中高层住宅或10层及10层以上的高层住宅组合而成的建筑群体空间，一般有板式高层（板楼[①]）住宅群体（图2-66）、点式高层（塔楼[②]）住宅群体（图2-67）或二者结合的住宅群体。整体上，景观均好性差，居住密度高，使用率较低，存在灰色空间。

 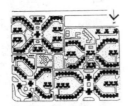  

图 2-66　板式高层住宅建筑群体空间

（引自网络）

图 2-67　点式高层住宅建筑群体空间

（引自网络）

2. 商住混合区建筑群体空间

商住混合区建筑群体空间是指主要由住宅建筑和商业建筑组合而成的建筑群体空间，兼具居住和商业功能，一般处于城市的核心地段，容积率较高（图 2-68）。

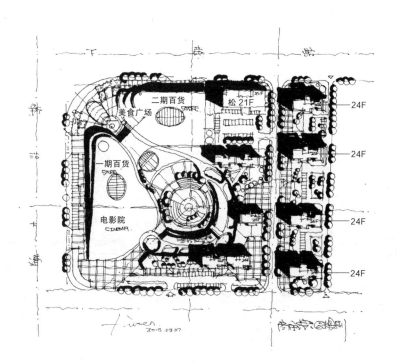

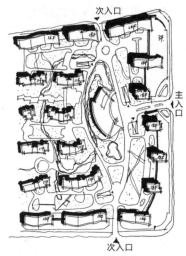

图 2-68　商住混合区建筑群体空间

3. 商业区建筑群体空间

商业建筑群体空间是指主要由商业商务设施和其他配套设施建筑组合而成的建筑

群体空间，以商业服务功能为主，具有人流密集、开发强度大等特点，一般有线性模式商业和组团模式商业两种。

（1）线性模式商业

线性模式商业有传统和现代之分。传统线性模式商业多是依托住宅底层商业和生活型干道组织，但这种不受约束的临街商业会阻碍交通通行速度；现代线性模式商业多是由大、小尺度建筑组合而成的混合尺度线性商业（图 2-69）。

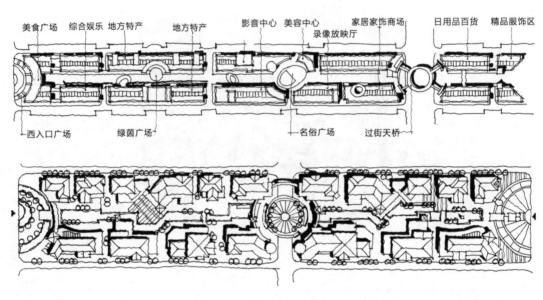

图 2-69　线性模式商业建筑群体空间

（2）组团模式商业

组团模式商业是指由多个商业建筑单体围绕中心排布，形成具有较好围合感的商业空间，一般建筑单体尺度较大，以现代建筑风格居多（图 2-70）。

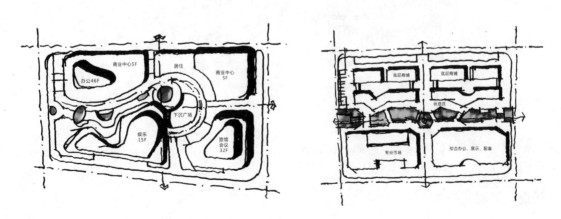

图 2-70　组团模式商业建筑群体空间

4. 商办混合区建筑群体空间

商办混合区建筑群体空间是指主要由商业建筑和办公建筑（包括行政办公和商务办公）组合而成的建筑群体空间，以商业服务和行政办公或商务办公等功能为主（图 2-71）。

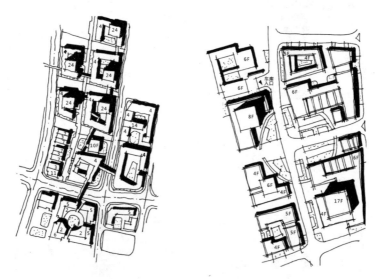

图 2-71　商办混合区建筑群体空间

5. 文化中心区建筑群体空间

文化中心区建筑群体空间是指主要由文教建筑、观览建筑以及配套商业服务组合而成的建筑群体空间，以文化娱乐、文化教育和商业服务功能为主，具有瞬时人流量大、建筑体量庞大等特点。应注重文娱建筑的形态、体量、人流疏散、静态交通以及基地空间的共享性等问题（图 2-72）。

6. 行政中心区建筑群体空间

行政中心区建筑群体空间是指主要由办公建筑、文化建筑以及相关配套设施组合而成的建筑群体空间，以政府办公和文化教育功能为主，具有布局规整、气势恢宏等特点。应注重政府办公建筑的体量和位置，市民广场的形象和标识，其他建筑群体的空间布局等问题（图 2-73）。

7. 公共服务区建筑群体空间

公共服务区建筑群体空间是指主要由商业、办公以及住宅（或公寓）等建筑组合而成的建筑群体空间，以商业服务、商务办公、居住及文化娱乐功能为主，具有功能空间复合多样、土地利用集约高效等特点，包括城市、片区和地段三级公共服务中心。应注重功能空间的合理安排，人本需求的丰富多样，建筑形态的个性差异等问题（图 2-74）。

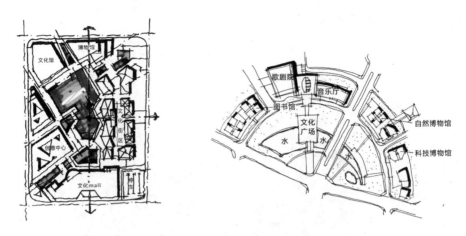

图 2-72　文化中心区建筑群体空间

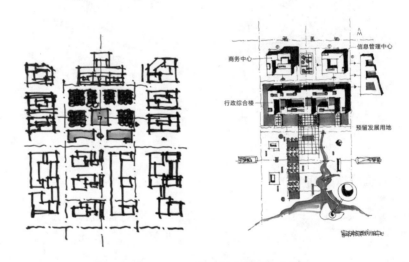

图 2-73　行政中心区建筑群体空间

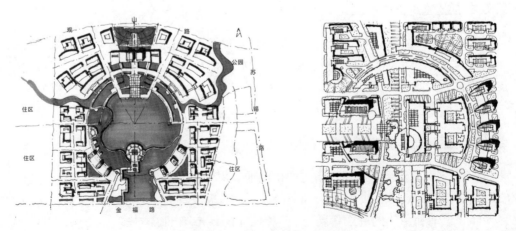

图 2-74　公共服务区建筑群体空间

8. 产业园区建筑群体空间

产业园区建筑群体空间是指主要由研发办公建筑、商业文化建筑、公寓以及工业建筑等组合而成的建筑群体空间，以科技研发、生产加工、营销推广功能为主，一般位于城市边缘区，具有交通物流便捷、空间个性突出等特点。应注重对外交通的便捷，与周边用地的协调，空间布局的明确分区，建筑群体的空间形象等问题。一般有科技园区（图 2-75）、总部基地、文化创意产业园区（图 2-76）、物流园区、生态农业园区等，不同类型的产业园区须结合产业定位确定建筑标准与建筑配套，要体现出鲜明差异，如一般科技园区的建筑群体空间与文化创意产业园区的相去甚远，生态农业园区与物流园区也是截然不同。详细介绍参考第 5 章。

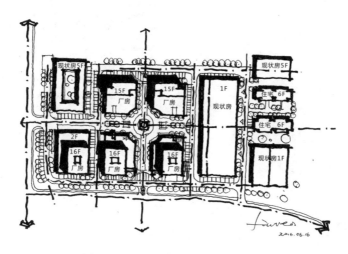

图 2-75 科技园区建筑群体空间

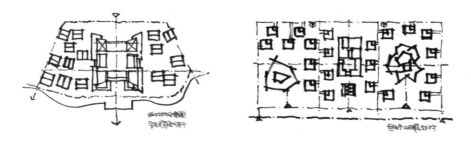

图 2-76 文化创意产业园区建筑群体空间

9. 校园建筑群体空间

校园建筑群体空间是指主要由行政办公建筑（如学校行政楼、学院办公楼）、教学建筑、生活配套建筑（如学生公寓、教师公寓、食堂）等组合而成的建筑群体空间，以教学办公、居住生活功能为主，一般以教学办公建筑群为中心，其他功能区环绕布局。

空间布局应促进良好的学术合作与学科交流，同时体现校园环境与设施的开放共享（图2-77）。

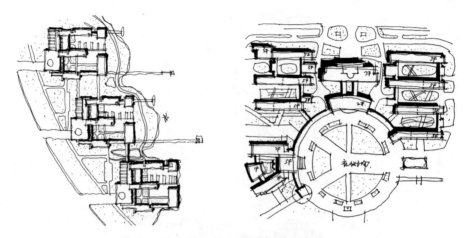

图 2-77 校园建筑群体空间

2.5 快速表达技巧

2.5.1 分析图示

规划分析是方案辅助说明的一部分，运用图示语言对设计方案的结构性提炼与概括，能够清晰有效地表达整体构思和结构特征，呈现规划设计的特点和理念，从而加快评阅者对方案的理解。规划分析图一般包括区位分析图、规划现状分析图、功能结构分析图、道路交通分析图、绿化景观分析图以及其他概念分析图。

1. 区位分析图

区位分析图要求标明规划地段在城市的位置以及和周围地区的关系；标明邻近建筑物的位置、道路走向等（图 2-78）。

2. 规划地段现状分析图

规划现状分析图要求标明自然地形地貌、道路、绿化、工程挂线及各类用地和建筑的范围、性质、层数、质量等，比例自定（图 2-79）。

3. 功能结构分析图

功能结构分析图要求表达地段的整体空间构架或功能分区，包含主轴线、次轴线、

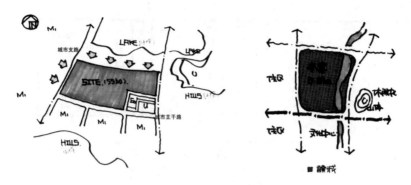

图 2-78 区位分析示意图

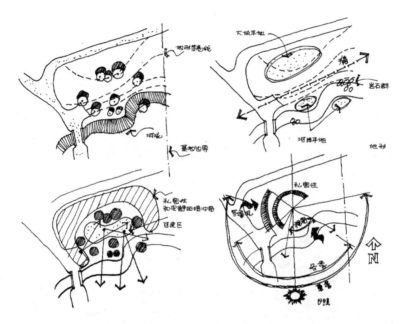

图 2-79 现状分析示意图

入口空间、核心空间等 [图 2-80（ *b* ）、图 2-80（ *d* ）]。

4. 道路交通分析图

　　道路交通分析图要求标明道路的红线位置、横断面；区分人行与车行流线，明确人车关系；标明主要出入口的位置；标明地面停车和地下停车出入口及位置安排；根据道路设计的宽度，示意性地表达路网等级 [图 2-80（ *c* ）]。

5. 绿化景观分析图

　　绿化景观分析图要求表达景观设计的理念，绿化、水系、广场之间的关系；分析地块内外有价值的景观资源，表达对现状景观的利用方式；从视角、视线高度两方面，分析用地内主要建筑的观景情况 [图 2-80（ *a* ）、图 2-80（ *e* ）]。

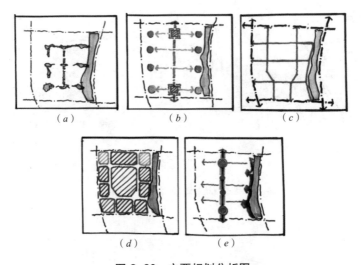

图 2-80　主要规划分析图

（a）理水；（b）聚气；（c）通脉；（d）塑形；（e）造景

6. 其他概念分析图

概念分析图要求表达设计方案的设计理念，如土地复合利用模式（图 2-81）、功能布局模式（图 2-82）、建筑组合方式（图 2-83）等。

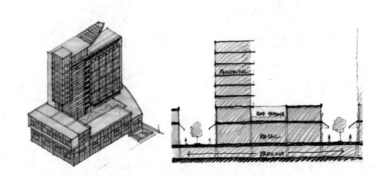

图 2-81　土地复合利用模式

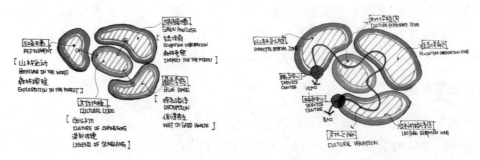

图 2-82　功能布局模式

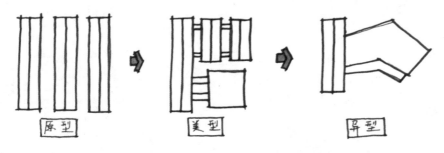

图 2-83　建筑组合模式

2.5.2　二维表达

　　方案的二维表达主要包括土地利用规划图（图 2-84）和方案总平面图（图 2-85）的规范性和艺术性表达。规范性表达要求符合相应图纸绘制标准和要求，艺术性表达要求符合现实的审美标准并进行美学表达。

2.5.3　三维表达

　　城市规划快题设计的三维表达主要包括鸟瞰图（图 2-86）、轴测图（图 2-87）或局部效果图（图 2-88）的规范性和艺术性表达。三维表达具有一定的现实感，往往能更为直观地传达信息，帮助非专业人士理解设计图纸的内容。

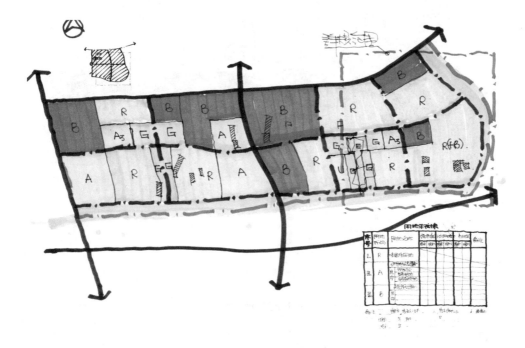

图 2-84　土地利用规划图

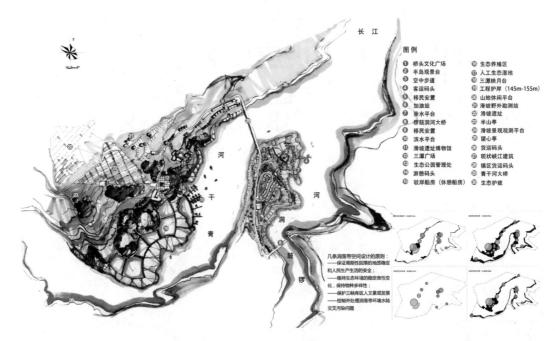

图例

① 桥头文化广场　⑯ 生态养殖区
② 半岛观景台　　⑰ 人工生态湿地
③ 空中步道　　　⑱ 三潭映月台
④ 客运码头　　　⑲ 工程护岸（145m-155m）
⑤ 移民安置　　　⑳ 山地休闲平台
⑥ 加油站　　　　㉑ 滑坡野外勘测站
⑦ 亲水平台　　　㉒ 滑坡遗址
⑧ 锣鼓洞河大桥　㉓ 半山亭
⑨ 移民安置　　　㉔ 滑坡景观观测平台
⑩ 滨水平台　　　㉕ 望心亭
⑪ 滑坡遗址博物馆　㉖ 货运码头
⑫ 三潭广场　　　㉗ 现状峡江建筑
⑬ 生态公园管理处　㉘ 镇区货运码头
⑭ 游憩码头　　　㉙ 青干河大桥
⑮ 驳岸船房（休憩船房）　㉚ 生态护坡

几条消落带空间设计的原则：
——保证消落性回落的地质稳定
和人民生产生活的安全；
——维持生态环境的稳定良性变
化，保持物种多样性；
——保护三峡库区人文景观发展
——控制并处理消落带环境水陆
交叉污染问题

图 2-85　总平面图

图 2-86　鸟瞰图

图 2-87　轴测图

建筑效果图

图 2-88　局部效果图

本章注释

① 板楼是指一梯两户，南北通透，超过七层且带有电梯的住宅楼房。从外观看，板楼建筑的长度明显大于宽度。板楼有两种类型，一种是长走廊式，各住户靠长走廊连在一起；另一种是单元式拼接，若干个单元连在一起拼成一个板楼，我们常见的单元住宅就是属于这种。

② 塔楼是指一般由多于四五户共同围绕或环绕一组公共竖向交通形成的住宅楼房，平面的长度和宽度大致相同，高度从 12 层到 35 层，超过 35 层是超高层，塔楼一般是一梯 4 ~ 12 户。

第3章 住区规划快题设计

本章讲述住区规划设计的相关概念、设计类型、设计理论以及快题设计思维方法。重点解构住区规划快题设计思维方法，并在熟悉规划设计理论的基础上结合实际设计任务进行方案详解。

3.1 概述

3.1.1 概念

1. 住区

住区是城乡居民定居生活的物质空间形态，是具有一定人口和用地规模，并集中布置居住建筑、公共建筑、绿地、道路以及其他各种工程设施，被城市街道或自然界限所包围的相对独立地区。城市住区是住区类型的一种，是指在城市、镇的范畴内居住空间形态的总称。

将城市住区按照居住户数或人口规模可分为居住区、小区、组团三级，如表3-1所示。住区类型的划分方式很多，按照居住建筑的层数划分，可以分为低层住区、多层住区、高层住区以及混合住区。按照城乡区域范围划分，可以分为城市住区、独立工矿企业和科研基地住区以及乡村住区。按照不同功能划分，可以分为纯住区和商住混合区。

住区分级控制规模 表3-1

	居住区	居住小区	居住组团
户数（户）	10000~16000	3000~5000	300~1000
人口（人）	30000~50000	10000~15000	1000~3000

注：引自《城市居住区规划设计规范》GB 50180—93，2002年版.北京：中国建筑工业出版社，2002：7。

住区一般由住宅用地（R01）、公共服务设施用地（R02）、道路用地（R03）和公共绿地（R04）四类用地组成，各类用地比例应符合相应控制指标（表3-2）。住宅用地是指住宅建筑基底占地及其四周合理间距内的用地（含宅旁绿地和宅间小路等）的总称。公共服务设施用地是与居住人口规模相对应配建的，为居民服务和使用的各类设施用地，包括建筑基底占地及其所属场院、绿地和配建停车场等。道路用地是住区道路、小区路、组团路及非公建配建的居民小汽车、单位通勤车等停放场地。公共绿地是满足规定的日照要求、适合于安排游憩活动设施的、供居民共享的集中绿地，包括住区公园、小游园和组团绿地及其他块状带状绿地等。

居住区用地平衡控制指标（单位：%） 表3-2

用地构成	居住区	小区	组团
1.住宅用地（R01）	50~60	55~65	70~80

续表

用地构成	居住区	小区	组团
2.公建用地（R02）	15~25	12~22	6~12
3.道路用地（R03）	10~18	9~17	7~15
4.公共绿地（R04）	7.5~18	5~15	3~6
居住地（R）	100	100	100

注：引自《城市居住区规划设计规范》GB50180—93，2002 年版 . 北京：中国建筑工业出版社，2002。

2. 住区规划

住区规划是指对住区内的用地、布局结构、道路交通、建筑群体、生活配套服务设施、各种绿地和游憩场所、市政公用设施和市政管网各个系统等进行综合、具体的安排。简单地讲，就是为居民经济合理地创造一个满足日常物质和文化生活需要的舒适、卫生、安全、宁静和优美的环境，一般包括以下内容：

1）选择并确定用地位置和范围；

2）确定规模，即确定人口规模和用地大小；

3）拟定居住建筑类型、层数、数量、布置方式；

4）拟定公共服务设施的内容、规模、数量、分布和布置方式；

5）拟定各级道路的宽度、断面形式、布置方式；

6）拟定公共绿地、体育设施、休息场所等室外场地的数量、分布和布置方式；

7）拟定市政工程规划设计方案；

8）拟定各项技术经济指标和造价预算。

而在住区规划快题设计中，一般是在给定的用地范围内按照既定的任务要求进行住区规划设计。

3.1.2　快题设计类型

1. 纯住区

纯住区一般以居住生活为主要功能，集中布置住宅建筑、生活配套服务设施、公共绿地、道路等，以提供良好居住生活空间。在纯住区中，因公共设施多是住区配套服务而未形成具有一定规模的集聚空间，故更加注重不同类型住宅的规划布局（如低层区、多层区、高层区等）、建筑组合（如行列式、围合式等），丰富的场所空间以及合理的道路组织等，以营造出布局合理、空间丰富、景观宜人的居住环境（图3-1）。

在纯住区规划快题设计中，主要功能设施有居住设施、公共服务设施。居住设施主要包括低层住宅、多层住宅、高层住宅，在设计中可能只要求出现其中一种住宅，

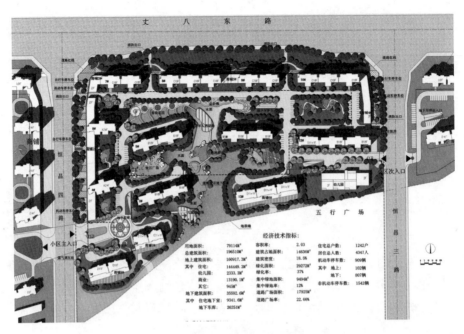

图 3-1 纯住区规划平面图

如小城镇多层住宅区规划、特大城市高层住区规划等，也可能要求两种或两种以上住宅，如中小城市混合住区规划，视具体任务要求而定。公共服务设施主要包括商业设施、教育设施、文化运动设施、医护设施以及社区管理设施等，部分设施常因规模较小而集中设置，如社区活动中心（或文化活动站）、会所、超市、市场、小学、幼儿园、运动场地等。

2. 商住混合区

商住混合区是兼具居住和商业功能的片区，一般处于城市的核心地段，容积率较高。在商住混合区中，因商业或商务设施形成一定规模并影响整体空间布局形态，故需要从整体考虑居住设施和商业商务设施的规划布局，并综合考虑用地组织、功能分区、交通流线以及街区尺度等问题（图 3-2）。

在商住混合区规划快题设计中，主要功能设施有居住设施、公共配套服务设施、商业商务设施等。居住设施主要包括低层住宅、多层住宅、高层住宅。公共配套服务设施主要包括配套商业设施、教育设施、文化运动设施、医护设施以及社区管理设施等，同纯住区公共服务设施。商业商务设施主要包括百货商场、购物中心、商业街、酒店或旅馆、超市等。

图 3-2 商住混合区规划平面图

3.2　理念与原则

3.2.1　规划理念

1. 邻里单位理念

1929 年，美国克拉伦斯·佩里（Clarence Perry）提出一种"邻里单位"的住区规划思想。这一思想为应对城市道路上的机动交通日益增长对居住环境带来的严重干扰，而采用邻里单位作为组织住区的基本模式，以丰富居民的公共生活，促进邻里交往（图 3-3）。"邻里单位"的主要思想包括以下几个方面。

图 3-3　邻里单位模式示意

1—邻里中心；2—商业和公寓；3—商店或教堂；4—绿地，占 10% 的用地；5—大街；6—半径 1/4 英里（约 400m）（引自李德华 . 城市规划原理 [M]. 第 3 版 . 北京：中国建筑工业出版社，2011：368）

（1）在较大的范围内统一规划居住区，使每一个"邻里单位"成为组成居住区的"细胞"。

（2）邻里单位内部道路系统应限制外部车辆穿越。一般采用尽端式，以保持内部安静、安全的居住气氛。

（3）以小学的合理规模为基础，支撑邻里单位的人口规模，使小学生上学不必穿过城市道路，一般邻里单位的规模在 5000 人左右，规模小的 3000 ~ 4000 人。

（4）邻里单位的中心建筑是小学校，它与其他的邻里服务设施一起结合中心公共广场或绿地布置。

（5）同一邻里单位内安排不同阶层的居民居住。

（6）邻里单位内的小学附近设有商店、教堂、图书馆和公共活动中心。

由于"邻里单位"的思想适应了现代城市由于机动交通发展带来的规划结构上的变化，把居住的安静、朝向、卫生、安全放在重要地位，因此其对之后居住区的规划影响很大。

2. 居住综合理念

现代城市规模的不断扩大，以及工作与居住地点分布的不合理造成城市交通愈加紧张和拥挤，城市住区改建的艰巨性以及住区规划与建设实践中逐渐暴露出来的问题，如住区公共服务设施的低效益等，都要求住区的组织形式应具有更大的灵活性。从而，以"居住综合区"为概念的住区空间组织形式应运而生。"居住综合区"是指居住和工作环境布置在一起的一种居住组织形式，有居住与无害工业结合的综合区，有居住与文化、商业服务、行政办公等结合的综合区，居住综合区不仅使居民的生活和工作更加方便，节省了上下班时间，减轻了城市交通的压力，同时由于不同性质建筑的综合布置，使城市建筑群体空间的组合也更加丰富多彩。

图 3-4　马赛公寓

"居住综合"理念的另一个建筑实体化实践，即"居住综合体"，它是将居住建筑与为居民生活服务的公共服务设施组成一体的综合大楼或建筑组合体，如法国建筑师勒·柯布西耶（Le Corbusier）设计的马赛公寓（图 3-4）。这种居住形式不仅为居民的生活提供方便，促进人们的相互交流和关心，而且对节约用地和提高土地的利用效益也十分有利。

3. 新城市主义理念

"新城市主义"包含的思想内涵非常丰富，理论很多，但着眼点和出发点都基本一致，即从工业革命前后时期的城市规划和设计概念中发掘灵感，在当今城市中建立公共聚集中心，形成以步行为度量尺度的居住社区。主要有安德雷斯·杜安伊（Andres Duany）与伊丽莎白·普拉特·赞伯克（Elizabeth Plater-Zyberk）夫妇提出的传统邻里社区设计（Traditional Neighborhood Development，简称 TND），见图 3-5，以及彼得·卡尔索普（Peter Calthorpe）倡导的公共交通导向的邻里社区设计（Transit-

Oriented Development，简称 TOD），见图 3-6。新城市主义发展模式有以下几条基本设计准则。

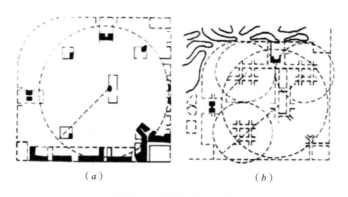

（a）　　　　　　　　　　　　（b）

图 3-5　TND 模式示意

（引自惠劼，等 . 城市住区规划设计概论 [M]. 北京：化学工业出版社，2005）

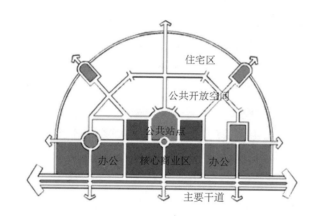

图 3-6　TOD 开发模式示意

（引自惠劼，等 . 城市住区规划设计概论 [M]. 北京：化学工业出版社，2005）

（1）明确的中心和边界。有一个邻里中心和一个明确的边界，每个邻里中心应该被公共空间所界定。

（2）最优规模。由中心到边界的距离为 400m 左右的空间范围。

（3）居住多样。在一个区域或一个街区内结合安排不同类型和价格的住宅，住宅风格与内部现代平面功能相结合，完善现代生活方式。

（4）公建集中混合。将公共建筑精心安排到邻里网络中，形成社区中心，零售商店沿主要街道布置，并配置停车场。

（5）开放空间适宜可达。开放空间应作为邻里的焦点进行考虑，置于步行距离内，靠近邻里中心。

（6）道路空间多样便捷。构建网络状街道，提供多条道路缓解交通阻塞，街道设计考虑步行，创造宜人的步行系统。

4. 可持续发展理念

《全球 21 世纪议程》把人类住区的发展目标总结为改善人类住区的社会、经济、环境质量，以及所有人，特别是城市和乡村贫民的生活和工作环境。在此基础上，在八个领域提出实现这一目标的一系列方案：

（1）向所有人提供适当的住房；

（2）改善人类住区的管理；

（3）促进永续的土地使用规划和管理；

（4）促进综合供应环境基础设施，包括水、卫生、排水和固体废弃物管理；

（5）促进人类住区永续发展的能源和运输系统；

（6）促进灾害易发地区的人类住区规划和管理；

（7）促进永续的建筑业活动；

（8）促进人力资源开发和能力建设以促进人类住区的发展。

《伊斯坦布尔人居宣言》确立了两个全球目标，即保证人人享有适当住房和使人类住区更安全、更健康、更舒适、更公平、更持久，也更具效率。宣言强调城市发展和乡村发展密不可分，除改善城市生活环境外，还必须努力为农村地区提供适当的基础设施、公共服务设施和就业机会；主张人是我们所关心的永续发展的中心；将加大力度消除贫困和歧视，推动和保护所有人的一切人权和基本自由，并满足人们的基本需求，如教育、营养和终生医疗服务，尤其是人人享有适当的住房。

3.2.2 设计原则

1. 整体性原则

住区规划应完善建筑群空间布局的艺术性，避免单一呆板的、兵营式的组群布局，体现以人为本，与自然和谐、融洽，可持续发展三大原则。建筑形式和空间规划应具有亲切宜人的尺度和风格，居住社区环境设计应体现对使用者的关怀。要满足不同年龄层次的活动需要，为其提供相应的社区服务设施，在满足生理需求的同时注重居民的精神生活，通过对物质形态的精心规划设计以及对住户组织活动特性的研究创造更多的积极空间，促进住户之间的相互交往，提高其防范性和睦邻性。

2. 多元化原则

在住区规划中，可运用新理论、新技术、新材料、适应家庭结构的多元化、住区智能化，以及私人汽车进入家庭的转变提供满足各阶层住户需求的住宅类型，如别墅、小高层、高层、多层洋房、公寓住宅；在安全性、私密性、舒适性原则下，考虑单身、两口之家、三口之家、两代居、老年人居等多种人口结构，最大限度地满足住户使用需求。运用新技术和新材料可以使建筑造型做到更丰富，使立面新颖，色彩搭配协调，细部装饰美观、多样和统一。

3. 低碳生态原则

住区规划应尊重保护自然与人文环境，合理开发和利用土地资源，节地、节能、节材，建设人与环境有机融合的可持续发展的居住区。倡导低容积率、高绿地率，设置大面积绿地（生态性）、分散组团绿地（可达性），应当关心绿地率，并非绿化率（绿地率指小区绿地与组团绿地占小区总用地百分比，不包括宅前或公建绿地；绿化率指空地和平屋面绿化百分比）。此外，适当增加文化设施、交流场所，尊重历史文脉，形成一种风格、一种特色、一种品位。

3.3 住区设计方法论

3.3.1 空间布局形式

1. 空间布局

住区的空间布局应综合考虑周边环境、路网结构、公建与住宅布局、群体组合、绿地系统及空间环境等的内在联系，以构成一个完善的、相对独立的有机整体。总体来说，常见的住区规划布局形式主要包括轴线式、集中式、围合式、片块式、集约式、隐喻式六种。

（1）轴线式

轴线式布局一般以一条空间轴线作引导，轴线两侧形成对称或不对称布局，并通过轴线上主、次节点的空间收放或尺度变化，营造层次递进，起落有致的空间特色。该空间轴线常由线性的道路、绿带、水体等构成，都具有强烈的聚集性和导向性，起着支配全局的作用（图 3-7）。

这种布局形式的优点是仪式感较强，有利于形成具有节奏的空间序列，整体性较好。缺点是当轴线过长时，若处理不当易导致空间单调。

（2）集中式

集中式布局也叫向心式布局，是居住空间要素围绕占主导地位的特定空间要素组合排列，表现出强烈的向心性，并以自然流畅的环状路网打造向心的空间布局。这种布局形式山地用

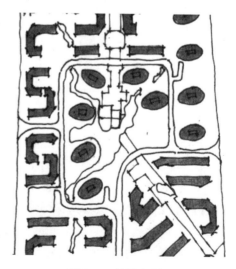

图 3-7 轴线式布局

得较多，顺应自然地形布置的环状路网造就了向心的空间布局（图3-8）。该布局往往选择有特征的自然地形地貌（如山体、水体）作为构图中心，同时结合公共服务设施形成住区中心。各居住组团围绕中心分布，既可用同样的住宅组合方式形成统一的布局，也可以用不同的组合方式形成多样化布局，强化可识别性。

这种布局形式的优点是便于住区的分期实施，部分实施过程不影响其他居民生活，具有一定的灵活性。缺点是住区的公共资源分配存在一定的不均衡性。

（3）围合式

围合式布局是指住宅沿着基地外围周边布置，形成一定数量的次要空间并共同围绕一个主导空间，构成后的空间无方向性。在该布局中，住区的主入口按周边环境条件可设于任一方位，中央主导空间一般尺度较大，统领次要空间，也可以由其形态的特异性突出其主导地位。

这种布局形式的优点是可以形成宽敞的中心庭院和舒适的居住空间，日照、通风和视觉环境相对较好，可更好地组织和丰富居民的邻里交往及其他悠闲活动等。缺点是一般要求的容积率较大，居住品质受到一定影响（图3-9）。一般适用于追求一定居住生活品质的较小地块。

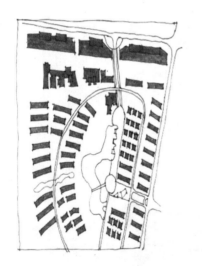

图3-8　集中式布局

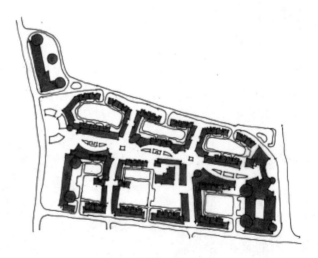

图3-9　围合式布局

（4）片块式

片块式布局是指住宅以日照间距为主要依据，遵循一定规律排列组合，形成紧密联系的住宅群体，不太强调空间的主次等级，而进行成片、成块、成组团的布置（图3-10）。该布局应尽量营造区域变化，采用绿地、水体、公共服务设施进行分隔空间，强调可识别性，保证居住空间的舒适性。

这种布局形式的优点是各片区、各组团相对独立，便于施工和管理，在更大区域范围内具有住区的识别性。缺点是住区空间无主次之分，缺乏层次感。

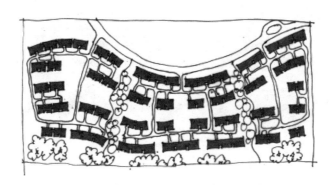

图 3-10 片块式布局

（5）集约式

集约式布局是指将住宅和公共配套设施集中布置，尽力开发地下空间，依靠科技进步，使地上地下空间垂直贯通，室内室外空间渗透延伸，形成居住生活功能完善，水平 - 垂直空间流通的集约式整体空间（图 3-11）。

这种布局形式的优点是节省用地，可同时组织和丰富居民的邻里交往和生活活动。缺点是布局紧凑，易造成居住品质的降低。一般适用于旧区改造和用地紧缺的地区，以及地块狭小且不规整的区域。

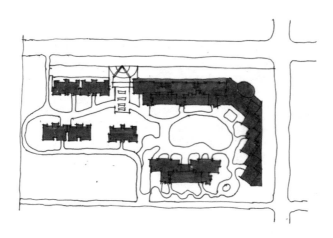

图 3-11 集约式布局

（6）隐喻式

隐喻式布局是指将某种事物作为原型，经过概括、提炼、抽象成为建筑与环境的形态语言，使人产生视觉和心理上的某种联想与领悟，从而增强环境的感染力，构成"意在象外"的境界升华（图 3-12）。

这种布局形式的优点是视觉和心理的感染力较强。缺点是容易流于形式，难以做到"形、神、意"的有机融合。

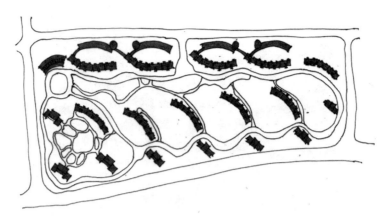

图 3-12　隐喻式布局

2. 设计要点

（1）结构确定

住区的空间结构主要体现在围绕住区中心形成的小区、组团、院落等居住层级的整体构架上。

1）应建立明晰的空间层级结构。通过小区级核心空间、各个组团中心以及住宅院落等来共同建立层级清晰、结构紧凑的规划布局。

2）应突出各层级核心空间。每个居住层级都有对应的核心空间，而这个核心空间正是统领整个住区结构的关键。在进行快题设计时，要明确每个层级的核心空间以及各级中心之间的空间关联。

3）应突出住区主轴线，利用主要步行道将住区步行出入口和核心空间串联，形成明确的公共活动领域。

（2）设施布局

住区中的各功能设施之间既要有机联系，保持结构整体性，又要有所区分，通过绿化和道路形成各层级相对独立的活动领域。在住区规划布局中，配套商业设施、教育设施、文化运动设施以及社区管理设施对布局结构影响较大。

1）配套商业设施宜相对集中地布置在住区的出入口处，社区管理设施和文化娱乐设施宜分散在住区内或集中在住区的中心，为老人和居民提供综合性社区活动的设施宜安排在住区内较为重要且方便的位置。

2）教育设施应安排在住区内部，与住区的步行和绿地系统有机联系，宜接近住区的中心位置。中小学的位置应考虑噪声影响、服务范围以及出入口位置等因素，避免对住区居民的日常生活带来干扰。

3）运动设施应与住区的步行和绿地系统紧密联系或结合，应有良好的通达性。

3.3.2　道路交通规划

1.路网结构

（1）贯通形

贯通形路网结构一般以一条贯通式干道和若干尽端式道路串接住区各部分或组团，因地制宜，依山就势，带来丰富的景观效果，具有很大的灵活性。该路网结构应注重功能的分离和空间的融合，以及入口空间形象的打造（图3-13）。

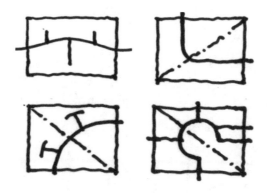

图3-13　贯通形路网

（2）环形

环形路网结构一般是由一条环通式和若干尽端式道路组成的，环通式的主干道穿过住区中部，或分布在住区的内部或边缘，尽端道路分布在环通式道路的周边。根据环通式道路分布的位置，可以分为内环式[图3-14（a）]、中环式[图3-14（b）]、外环式[图3-14（c）]以及环形复合式[图3-14（d）]，是常见的住区道路网结构。这种道路网形成的住区具有服务的均等性，易于形成公共中心，对景观空间无干扰。

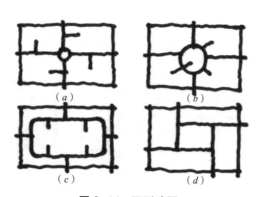

图3-14　环形路网
（a）内环；（b）中环；（c）外环；（d）环形复合

（3）方格网形

方格网形道路网结构是由若干贯通式道路纵横交错组成的。这种路网结构的住区一般拥有多个出入口，住宅建筑群体均匀分布在格网形状的块状空间内（图3-15）。

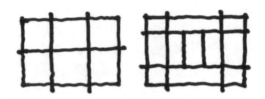

图3-15 方格网形路网

（4）尽端形

尽端形道路网结构是由若干条尽端式道路组成的，易于组织人车分行的交通组织方式，住区内部空间领域感和归属感较强，但交通可达性不足（图3-16）。

图3-16 尽端形路网

（5）混合形

混合形道路网结构是由两种或两种以上路网形式组合而成的，根据不同形式的路网组合划分，有方格网形＋尽端式［图3-17（a）］、中环＋尽端式［图3-17（b）］、内外环形＋尽端式［图3-17（c）］等。

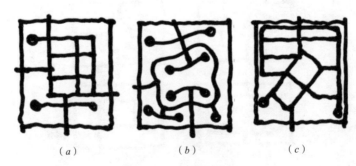

（a） （b） （c）

图3-17 尽端形路网

（a）方格网形＋尽端式；（b）中环＋尽端式；（c）内外环形＋尽端式

2. 道路详细规划设计

（1）车行交通规划

住区交通组织的方式有人车分行和人车混行两种基本方式。人车分行的路网布局一般要求步行路网与车行路网在空间上不能重叠，允许二者在局部位置的交叉。人车混行的交通组织方式是指机动车交通和人行交通共同使用一套路网，在同一道路断面中同行。

1）人车分行的交通组织方式要求住区内步行交通与车行交通应在空间上分开，设置两个独立的系统；车行道路应分级明确，可采取围绕住宅群体或住宅院落布置的方式，并以树枝状尽端路或环状尽端路形式延伸至各住户或住宅单元；在车行道路的周围或尽端应设置适当数量的停车位，在尽端车行路的尽端应设置回车场地。

2）人车混行的交通组织方式要求道路分级明确，并应贯穿于住区内部，主要道路网一般采用互通式的布局方式。

3）住区的道路通常可分为四级，即居住区级、居住小区级、居住组团级和宅间小路。①居住区级道路：为居住区内外联系的主要道路，道路红线宽度一般为20～30m，其中车行道宽度不应小于9m。②居住小区级道路：居住小区级道路是居住小区内外联系的主要道路，道路红线宽度一般为10～14m，车行道宽度一般为6～9m。③居住组团级道路：为居住小区内部的主要道路，起着联系居住小区范围内各个住宅群落的作用，道路红线宽度一般在8～10m，车行道宽度一般为3～5m。④宅间小路：指直接通往住宅单元入口或住户的道路，路幅宽度不宜小于2.5m。

4）住区内主要道路至少应有两个出入口且主要道路至少应有两个方向与外围道路相连；机动车道对外出入口间距不应小于150m。沿街建筑物长度超过150m时，应设宽度、高度不小于4m×4m的消防车通道。人行出入口间距不宜超过80m，当建筑物长度超过80m时，应在底层加设人行通道；住区内道路与城市道路相接时，其交角不宜小于75°。

5）居住区内尽端式道路的长度不宜大于120m，并应在尽端设不小于12m×12m的回车场地。

6）住区内道路边缘至建筑物、构筑物的最小距离，应符合表3-3的规定。

住区道路边缘至建、构筑物最小距离（单位：m） 表3-3

与建、构筑物的关系		道路级别	居住区道路	居住小区道路	组团道路及宅间小路
建筑物面向道路	无出入口	高层	5	3	2
		多层	3	3	2
	有出入口		—	5	2.5
建筑物山墙面向道路		高层	4	2	1.5
		多层	2	2	1.5
围墙面向道路			1.5	1.5	1.5

注：住区道路边缘指道路红线；小区道路、组团道路及宅间小路边缘指路面边线。当小区道路有人行道时，其道路边缘指人行道边线。

（2）步行交通规划

步行交通不仅包括车行道路旁边的人行道，还包括独立的步行专用道路交通。居住区级道路旁边的人行道一般在 2～4m；居住小区级道路当道路红线宽度大于 12m 时可考虑设人行道，宽度在 1.5～2m；居住组团级道路一般不需要设专门的人行道。

对于独立的步行专用道，其设计较为灵活，一般结合部分步行空间种植草木，或形成局部休闲空间，供人游憩、交往，或适当布置景观小品等形成住区的主要景观空间。在大型绿地中的人行步道，宽度在 1.5～2m 即可，同样应有主次等级，并结合自然，顺应自然。

（3）静态交通规划

住区内机动车停车设施建设可以根据条件和规划要求采用多种形式，如可与住宅结合，设于住宅底层的架空层内或设于住宅的地下、半地下层内；可与公共设施结合，设于公共建筑的底层、地下或半地下等；可通过路面放宽将停车位设在路边；可与绿地和场地结合设在绿地中，或利用绿地和场地的地下或半地下空间，并在上面覆土绿化或作为活动场地。

住区内自行车停放可建设集中停车房或停车棚，或利用住宅建筑人防设施，或利用住宅底层架空等方式停放。

此外，居民汽车停车场停车率① 不应小于 10%；住区内地面停车率② 不宜超过 10%；居民停车场、库的布置应方便居民使用，服务半径不宜大于 150m；居民停车场、库的布置应留有必要的发展余地；配建公共停车场（库）的停车位控制指标，应符合表 3-4、表 3-5 的规定，配建公共停车场（库）应就近设置，并宜采用地下或多层车库。

配建公共停车场（库）停车位控制指标　　　　　　　　　　　　　表3-4

名称	单位	自行车	机动车
公共中心	车位/100m²建筑面积	≥7.5	≥0.3
商业中心	车位/100m²营业面积	≥7.5	≥0.3
集贸市场	车位/100m²营业面积	≥7.5	—
饮食店	车位/100m²营业面积	≥3.6	≥1.
医院、门诊所	车位/100m²建筑面积	≥1.5	≥0.2

注：本表机动车停车车位以小型汽车为标准当量表示；其他各型车辆停车位的换算办法，应符合表中有关规定。

各型车辆停车位换算系数　　　　　　　　　　　　　表3-5

车型	换算系数
微型客、货汽车，机动三轮车	0.7
卧车，2t以下货运汽车	1.0
中型客车，面包车，2～4t货运汽车	2.0
铰接车	3.5

3.3.3　建筑群体布局

住区建筑群体的规划布置是住区规划设计的重要内容之一，而建筑群体的合理规划布局要求掌握住区内不同单体建筑的形态、尺度以及风格等。下面将从住宅群体组合和单体建筑形态两个方面进行介绍。

1. 住宅建筑群体组合

住区的规划布局建立在建筑群体组合的基础上，住宅建筑群体的平面组合形式主要有行列式、周边式、点群式、混合式、自由式五种，每种形式构成的建筑群体都有各自的空间特点，应根据实际要求和地形地貌条件，因地制宜，选择合适的平面组合形式。

（1）行列式

行列式是指居住建筑按照一定朝向和合理间距进行成排布置的形式（图 3-18）。这种布局形式的优点是便于施工，构图强烈，结构经济，易获得良好的日照和通风，是广泛采用的一种方式；缺点是容易造成空间单调、呆板的感觉，易产生穿越交通的干扰。

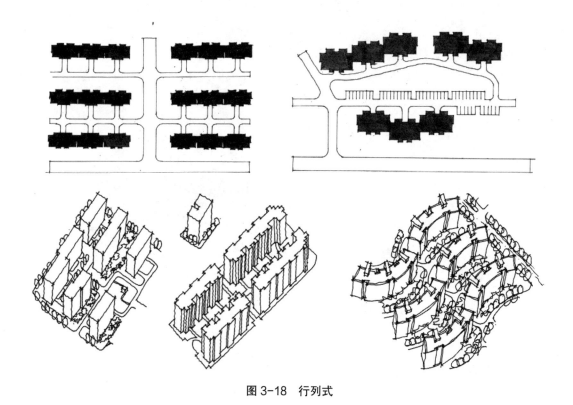

图 3-18　行列式

（2）周边式

周边式是指居住建筑沿街坊或院落进行周边布置的形式（图 3-19）。这种布局形式的优点是可以形成较内向的院落空间，便于组织休息园地、促进交往以及防寒保暖，同时有利于节约用地；缺点是部分住宅朝向较差，且转角建筑单元使施工、结构复杂，造价增加。

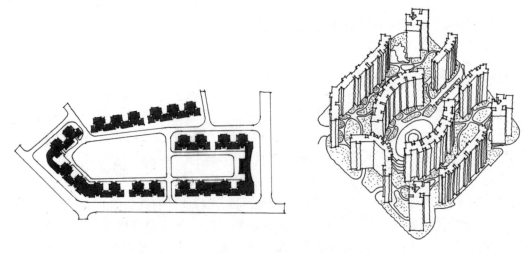

图 3-19 周边式

（3）点群式

点群式多指点状住宅结合特殊地形地貌（山体、水系）布置或围绕住区中心布局的形式（图 3-20）。这种布局形式的优点是便于结合地形变化形成核心景观，空间丰富；缺点是不利于节能和结构的经济性。

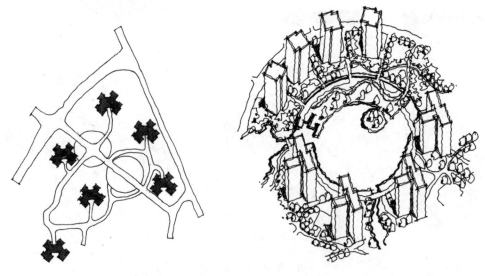

图 3-20 点群式

（4）自由式

自由式是指居住建筑结合地形，在保证日照、通风等要求的前提下，成组自由灵活布置的形式（图 3-21）。

（5）混合式

混合式是指由以上两种或两种以上布局形式组合而成的形式（图 3-22）。这种布局形式通常以行列式为主，少量住宅或公共建筑沿道路或院落进行周边布置，以形成半开敞式院落。

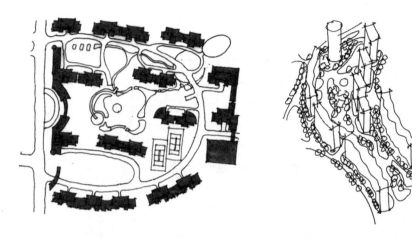

图 3-21　自由式

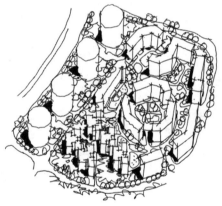

图 3-22　混合式

2. 单体建筑形态

在住区规划快题设计中，常涉及的单体建筑主要包括居住建筑和住区公共建筑等。其中，住区内独立且规模较大的商业设施、文化设施等将在第 4 章中介绍。

（1）居住建筑

1）低层住宅

低层住宅为 1 ~ 3 层的住宅，与较低的城市人口密度相适应，多存在于城市郊区和小城镇（图 3-23、图 3-24）。

图 3-23　独栋别墅（单位：m）

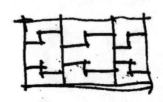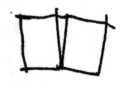

图 3-24　联排别墅（单位：m）

2）多层住宅

多层住宅为 4～6 层的住宅，一般是一梯 2 户，每户都能实现南北自然通风，基本能实现每间居室的采光要求。多层住宅一般采用单元式，共用面积很小，这有利于提高面积利用率，但是同时也限制了邻里的交往。多层住宅的住户（除了一部分首层住户）由于没有自家花园，对土地的亲近感淡薄很多（图 3-25）。

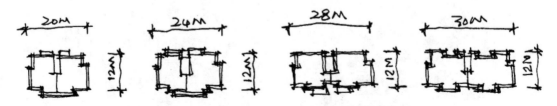

图 3-25　普通多层住宅

3）高层住宅

高层住宅包括 7～9 层中高层住宅和 10 层及以上高层住宅，高层住宅是城市化、工业现代化的产物（图 3-26）。

（2）住区公共建筑

住区公共建筑是指住区内公共服务设施建筑，主要包括菜市场、超市、饭店、银行、邮局等商业配套设施（图 3-27），还包括托幼或幼儿园（图 3-28）、小学（图 3-29）、社区活动中心或休闲会所（图 3-30）等，相关设计要求见表 3-6。

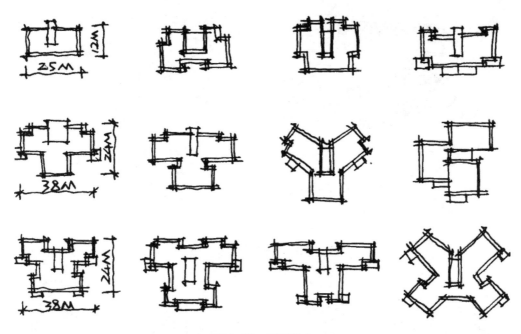

图 3-26 高层住宅

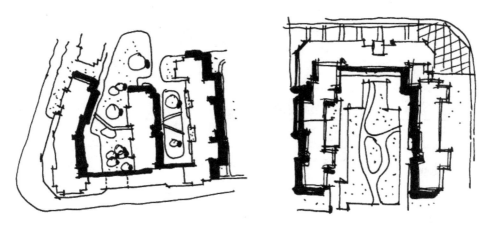

图 3-27 住宅裙房商业配套设施示例

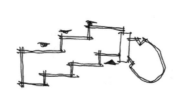

图 3-28 幼儿园建筑常见平面示例

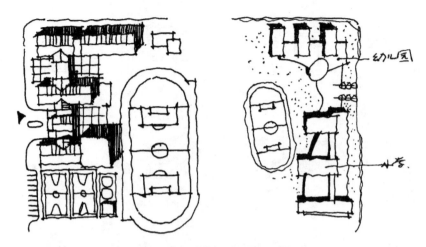

图 3-29　小学建筑平面示例

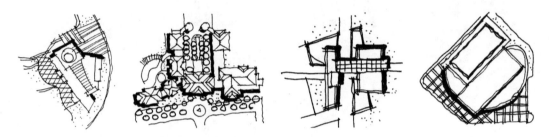

图 3-30　会所建筑平面示例

主要公共建筑规划设计要求　　　　　　　　　　　　表3-6

类别	设计要求
社区活动中心或会所	内向型：设置在住区中心，与绿地结合； 外向型：设置在住区外侧，兼顾部分商业职能
商业设施	包括菜市场、超市、饭店、银行、邮局等，可独立设置或利用住宅一层及高层住宅裙房设置。 位置包括以下两种：沿城市道路，呈线状布置；设置在住区主要出入口处
托幼或幼儿园	幼儿园应设置在环境安静、接送方便的地段，一般选择住区中心的外围，但不与中心结合； 总平面布置要保证幼儿活动室和室外活动场地的良好朝向，并满足冬至日底层满窗日照不少于3小时的要求，温暖地区、炎热地区的生活用房应避免朝西，否则应设遮阳设施
小学	小学服务半径为500m左右； 一般布置在住区边缘，沿次要道路较偏静的地段； 注意与住宅保持一定距离，避免干扰居民； 学校总平面布置应该尽可能使教学楼接近出入口，保持教室和操场良好的朝向

3.4 设计任务一：华中地区某大城市住区规划设计

3.4.1 项目概况

1.用地条件

基地位于华中某大城市中心片区外缘，规划总用地面积约 5.27hm² 形态、位置关系见图 3-31。场地内地势平坦，西、南两面有河流，东、北面主要为居住和商业服务业设施用地，西南角为一城市立交。

2.规划设计要求

（1）住宅及住宅组群满足经济、适用、美观的原则，创建环境优美舒适、适合生态发展要求的住宅区。

（2）方案应考虑用地的自然条件。

（3）合理组织道路交通、静态交通及步行交通。

3.主要技术要求

（1）容积率：1.1 ~ 1.3。

（2）绿化率：≥ 30%。

（3）停车位：100%，10% 地面停车。

（4）日照间距：1 ： 1.1。

（5）建议：以多层及小高层住宅为主，以中等户型为主、小户型与大户型为辅，安排配套公建。

4.成果要求

（1）规划总面积（1：1000）；标明建筑层数、公建、道路红线，对室外场地、环境绿化、地面停车位、地下车库出入口及市政设施等进行布置，其他设施场地可酌情配置。

（2）明确主要技术经济指标。

（3）功能结构、道路交通、景观绿化等规划分析图。

（4）简要技术说明。

（5）鸟瞰图或局部透视图。

5.地形图参考（图 3-31）

图 3-31 地形图（单位：m）

3.4.2 任务解读

本案是华中地区某大城市中心区外缘的住区规划设计，用地规模较小，用地限制条件较少，一般是要求设计者在短时间内完成的快题设计类型，对设计者的快速设计能力和空间塑形能力要求较高。作为城市典型的住区设计，设计要求创建环境优美、健康舒适的生活环境，此外，由于地块西、南两面有河流，西南角有城市立交，因此住区内良好景观环境的营造与住宅群体空间布局规划是本次设计的重点。

设计要求容积率在 1.1～1.3，开放强度相对较低，在 5.27hm² 的用地范围内，要求建设约 5.8 万～6.8 万 m² 的建筑面积。由于建议以多层及小高层住宅为主，并适当配置公共设施，可得平均层数在 6 层左右，建筑密度在 20% 左右。

3.4.3 场地分析

1. 周边场地分析

（1）水体——用地西、南两面有河流，在设计时可考虑将自然水体景观引入住区，预留出景观视线通廊和风道，也可在地块内部规划人工水体景观，并适当建立二者之间的联系。

（2）周边用地——用地东、北面主要是居住和商业服务业设施用地，南面是公共绿地和水体，西面是水体，若适当配置商业设施，可考虑在地块北部和东部以底层商业的形式出现。

（3）交通现状——南侧邻近城市立交，在设计时应适当考虑交通噪声干扰；根据东、北、西三面道路宽度可初步确定，东面为主要道路，西面和北面的道路等级相对较低，在设置出入口时，一般优先考虑等级较低的道路，但并非禁止在东面开设机动车出入口。

2. 内部场地分析

（1）地形——规划用地范围内地势平坦，可以较为容易地进行平面方案布局。

（2）现状用地——用地目前未进行开发建设，因此不需要考虑现状建筑及道路的影响（图 3-32）。

3.4.4　设计构思

1. 环境分析

根据上述分析的特征，用地周边拥有良好的自然景观资源，可考虑对水体景观的利用，建立地块内部与水体景观的联系，同时在空间关系的交点处设置集中公共设施或核心景观空间，而空间轴线的起始端与终端可考虑作为住区的主要出入口、车行出入口或景观节点（图 3-33）。

2. 功能布局

在环境分析确定空间关系的基础上，同时考虑公共服务设施均等化、地块高度分区以及中心景观营造等要求，划分为北部商住混合区、中心公共服务区以及东西多层住宅区（图 3-34）。然后，进一步细化片区空间，确定组团空间与组团之间的联系，并与自然水体景观节点形成主—次—一般三级结构关系。一般小地块规划,形成"主—次"两级空间结构即可（图 3-35）。

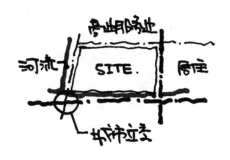

图 3-32　场地分析

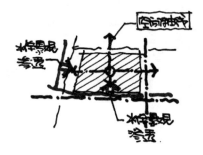

图 3-33　环境分析

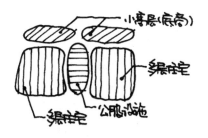

图 3-34　功能分区

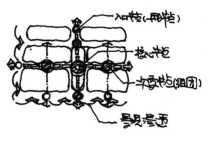

图 3-35　空间结构

3. 交通组织

（1）车行交通——确定北侧出入口为住区主要出入口，西侧为次要车行出入口，东侧次要车行出入口可以开设但作为紧急出入口，一般不予通车，可做人行出入口使用。对于用地规模较小的住区规划，常采用贯通形或环形路网（图3-36采用半外环形路网），形成完整的环形交通，通过组团道路联系组团空间，并在主要道路两侧考虑地面停车和地下停车。

（2）步行交通——采用人车分流模式，将基于环境分析确定的空间轴线作为主要步行通道，联系周边自然水体景观与中心景观，并考虑与组团空间的步行联系（图3-36）。

4. 景观系统

住区的景观系统同样形成"中心景观—次级景观节点—组团绿地"三级结构。中心景观依托会所、活动中心等公共设施设计，以开敞空间为主，为居民提供良好的交往空间；次级景观节点分两类，一类是住区的主入口形象节点，另一类是组团之间联系的交点，二者共同位于主次景观轴线上；组团绿地是各居住组团内部的活动空间，是联系私密空间与开放空间的"通道"。此外，除了主次景观轴线，还可通过建筑布局，形成次级通向自然景观的廊道（图3-37）。

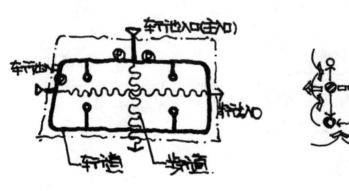

图3-36 交通组织

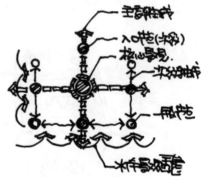

图3-37 景观系统

5. 建筑布局

整体建筑空间北侧较高，南侧较低，中间布置低层或依附多层住宅的低层公共建筑，形成较好的景观廊道和通风廊道。北侧沿街小高层住宅应突出住区入口形象，体现住区归属感，同时在建筑群体布局时应具有一定的韵律；多层住宅群体布局采用行列式或围合式即可，不宜做太多变化；配套公建应符合相应建筑功能，丰富住区空间形态；此外，还应适当考虑垃圾收集点、公厕、变电所等设施的布局，按照规范要求选择合理的位置。

3.4.5　方案深化

1. 道路交通详细设计

住区车行出入口设置应符合规划要求，本方案开设北、西面两个车行出入口和东面步行出入口，为便于进行快速设计构思，常选择边界中点；主要车行道宽度在 6 ~ 9m，组团道路 3 ~ 5m，宅前小路 2.5 ~ 3m；按要求设置地面地下停车，并标注停车场范围。

2. 景观环境详细设计

主入口进深较大，两侧适当做宽阔，道路中间设置景观设施，如假山叠水或绿植花卉等；中心景观以广场为主，适当布置水体景观；各景观节点做适当标识，尤其是滨水空间；为保证方案的完整性，也可对公共绿地和水体做适当设计。

3. 建筑群体详细设计

运用重复和韵律的手法完善建筑群体空间，再对局部形体做适当变化；在不同功能建筑群体之间，应适当体现形态差异和体量差异（图 3-38）。

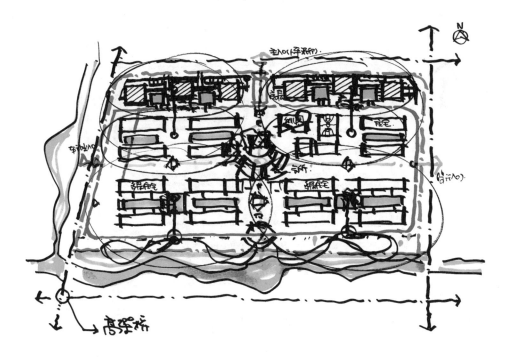

图 3-38　深化方案

3.4.6　成果表达

1. 总平面图（图3-39、图3-40）

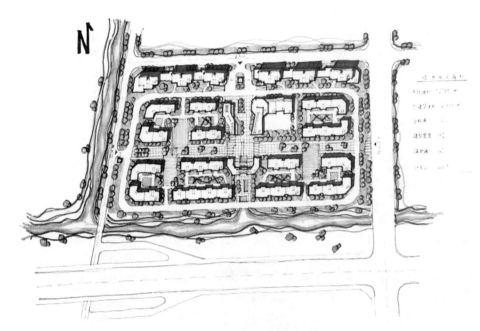

图 3-39　总平面图一

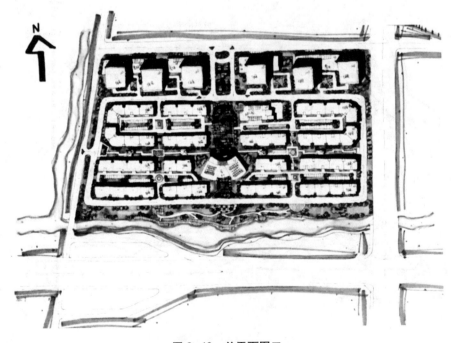

图 3-40　总平面图二

2. 规划分析图（图 3-41）

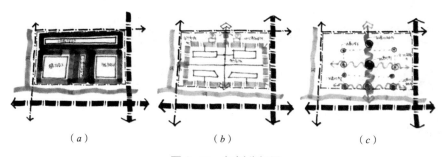

（a）　　　　　　　　　　（b）　　　　　　　　　　（c）

图 3-41　规划分析图
（a）功能分区；（b）道路分析；（c）景观分析

3. 鸟瞰图（图 3-42、图 3-43）

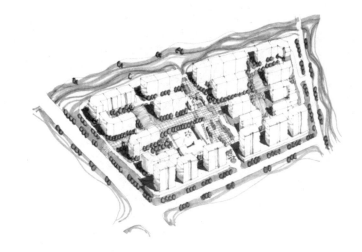

图 3-42　鸟瞰图一

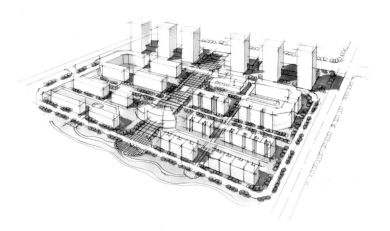

图 3-43　鸟瞰图二

3.5 设计任务二：高新园区某住区规划设计

3.5.1 项目概况

1. 场地条件

（1）规划场地面积约 11.2hm^2，形态、位置关系见图 3-44。

（2）场地内地势平坦，略呈东南高、西北低。场地西临汤逊湖，东、南两面均为园区待开发用地。

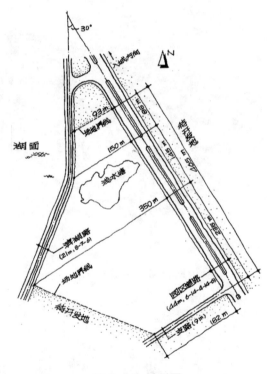

图 3-44 地形图

2. 规划设计要求

该住区对象为园区中高级管理人员及职工。

3. 主要技术要求

（1）建设总容积率：1.2。

（2）绿化率：30%。

（3）停车率：35%。

（4）日照间距：1 ： 1.1。

4. 住宅户型要求

（1）多层 60%（户均 120m²）。

（2）联别 10%（户均 250m²）。

（3）4 层复别 15%（户均 200m²）。

（4）小高层 15%（户均 150m²）。

（5）其余事宜由考生分析设定。

5. 成果要求

（1）设计要点：结构分析、建筑选型、总平面、节点表现、透视鸟瞰（或轴测图）、技术经济指标等。

（2）A1 图纸两张，设计表现方式自定。

（3）时间 8 小时（含午餐时间）

6. 地形图参考（图 3-44）

3.5.2　任务解读

本次高新园区内某住区设计，用地规模适中，但规划设计要求相对较多。设计重点主要有三：（1）如何协调与利用周边及地块内部自然景观？设计应充分利用西侧汤逊湖与地块内部水体资源，并与住宅群体空间协调布局，创造良好的居住环境。（2）如何进行多样住宅群体的布局？设计要求有多层住宅、联排别墅、4 层复式别墅以及小高层等多样住宅形式，在布局时如何营造合理且良好的居住空间是本次设计的重点内容之一。（3）如何进行合理的交通组织？地块位于高新园区内部，毗邻汤逊湖，临近一处道路三岔口，如何从开放住区的角度思考道路交通的组织，也是设计的又一重点。

设计要求容积率在 1.2，开放强度相对较低，在 11.2hm² 的用地范围内，要求建设约 13 万 m² 的建筑面积。根据各不同住宅的面积配置要求，可大致推算出建筑占地面积约为 2.6 万 m²，建筑密度在 25% 左右，平均建筑层数约在 5 层。

3.5.3　场地分析

1. 周边场地分析（图 3-45）

（1）水——用地西侧是汤逊湖，在设计时可考虑内部水系与西侧水域之间的水系连通，从而形成水系连通的景观模式。在建筑布局上，必然要凸显出两者之间的联系，预留出视线通廊和风通廊。原本存在的轴线应该尽可能地保留应用，而在本设计中，垂直于园区道路或是滨湖路的中线较为突出。

（2）周边用地——用地东侧以及南侧为园区待开发地，因此在地块中，暂时默认为居住用地不用考虑外部对方案的影响。用地东侧紧邻园区道路，是主要的车流人流来源。同时园区道路同样担负着工业园区物流交通的作用，因此也要考虑城市主干道对居住区的噪声影响。

2. 内部场地分析

（1）地形——从整个用地范围来说，地形较为平坦，只有细微的坡度变化，在用地中间略呈东南高、西北低。根据这种地形变化，考虑管线排水布置时，应当切合地形设置。而在建筑排布时，地形的影响在这个设计中并不占主要的作用。

（2）水——用地内部有一个浅水塘，水域形式较为自由，可以作为全局一个非常重要的景观资源和开放空间。并考虑水系与西部水域的互通，借"水"盘活全局。

（3）现状用地——用地目前未进行开发建设，因此不需要考虑现状建筑及道路的影响。

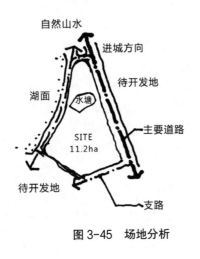

图 3-45　场地分析

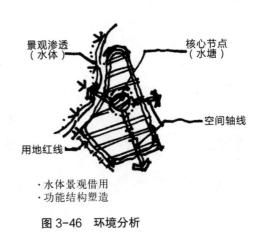

图 3-46　环境分析

3.5.4　设计构思

1. 环境分析

根据上述分析的特征，用地周边及内部拥有良好的自然景观资源，对地块内部的水塘边界进行整合引导，可作为整个片区的中心景观节点，同时考虑汤逊湖水体景观的渗透和中心景观的向外延伸，形成空间联系的骨架。在设计中还应体现"临湖而居、引水入园、以人为本"的设计思想："临湖而居"——借助西侧水体资源，作为设计的绿色背景，充分发挥依水而居的地理优势；"引水入园"——利用内部水系资源，作为设计的蓝色纽带，积极加强场地内外水的互动联系；"以人为本"——遵循居民活动特征，作为设计的最终目标，不断促进充满活力的人际交往（图3-46）。

2. 功能布局（图3-47、图3-48）

（1）方案一——基于水体资源的协调利用和沿街立面的考虑，沿汤逊湖一侧从北往南布置别墅区、现代复式别墅区以及多层住宅区，在园区东南角布置多、高层混合住区，其他公共设施分散布置；结合空间轴线关系做进一步深化布局，完善各组团空间节点和联系。

（2）方案二——与方案一不同，方案二将公共设施集中布置，并结合地块内部水体打造中心景观区；同样考虑滨水沿街立面，布置低、多层住宅，东部结合底商布置小高层住宅，形成商住混合区；在功能分区基础上，优化空间布局。

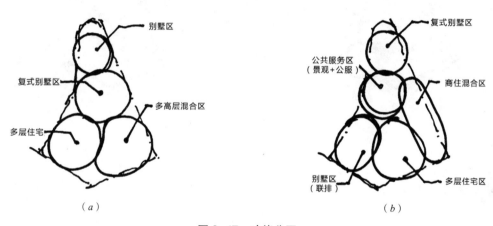

图 3-47　功能分区
（a）方案一；（b）方案二

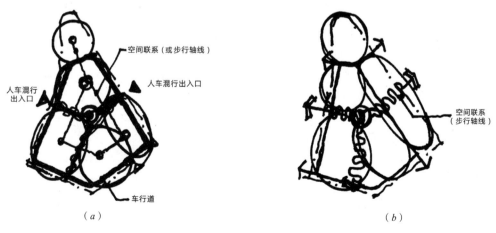

图 3-48　空间结构
（a）方案一；（b）方案二

3．交通组织（图3-49）

（1）车行交通——两个方案在交通组织上的差异不大，主要考虑内在通达性，形成完整的环形交通，确保重要的建筑有道路联系。道路分级明确，小区道路、组团道路、宅旁小道应贯通。在合适的区域布置地面停车场或地下停车。

（2）步行交通——实行人车分流。照应全局的景观轴线，也是主要的步行通道，其他建筑组团通过设置与主轴线的步行空间，使步行范围能延伸到整个片区内，并将步行线路与组团内部、中心绿地内部的步行道相衔接，构筑完整的步行系统。

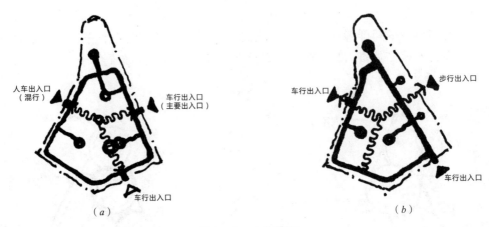

图3-49　交通组织
（a）方案一；（b）方案二

4.景观系统（图3-50）

景观系统以轴线组织，形成有益的景观廊道，这一廊道成为联系全局的脉络。地块中心的浅水塘，是全局的景观中心，考虑与临湖景观的组织与交流。考虑与周边用地的联系，在轴线入口处设置小型广场。在中心景观地带可以添加一些人工处理，形成自然与人工的对比。中心景观作为小区内生态效益的核心以及小区标志性的景观是重点设计的一环，因此，景观系统要有均好的、分散的组团绿地，同时也应该有集中的、有特色的中心景观，然后将这些通过绿化与步行系统串联起来形成连续完整的景观系统。方案一侧重体现地块内水体景观的统领作用，从而衔接组团内部次级节点与入口一般景观节点；方案二则除了地块内部水体景观营造之外，另结合公共设施集中设置开场空间形成又一中心节点，从而与组团绿地及入口节点形成完整景观体系。

5.建筑布局

整体建筑空间西北侧较低，东南侧较高，综合考虑住宅高度分区（图3-51），使得区域内部建筑都拥有较好的湖面景观和沿湖立面景观（图3-52）。居住建筑以多层为主，各个组团的组织形式内部的建筑布局可相对自由，与路网契合即可。临湖的居住建筑拥有最好的临湖景观，因此排列时注意水系线型相契合。

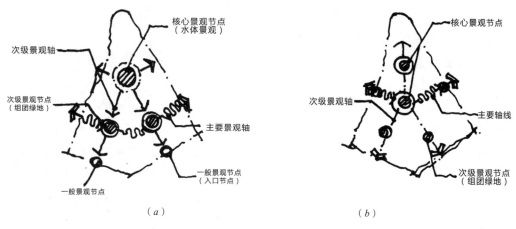

图 3-50 景观系统
（a）方案一；（b）方案二

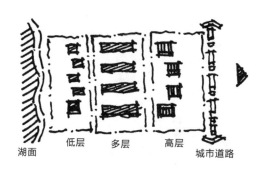

图 3-51 高度分区

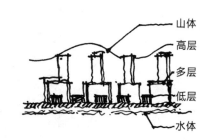

图 3-52 立面示意

3.5.5 方案深化

1. 道路交通详细设计

以道路作为不同类型住宅组团的边界，以不同空间轴线与地块边界的交点作为住区出入口，按相关规范要求确定出入口个数及位置，本方案可考虑设置三个及以上出入口，方便居民日常出行；主要车行道宽度在 6~9m，组团道路 3~5m，宅前小路 2.5~3m；按要求设置地面地下停车，并标注停车场范围。

2. 景观环境详细设计

打造浅水塘中心景观时，以软质景观（如水体和绿地）为主，适当结合硬质景观（如铺装或亭阁等），形成丰富多变、趣味性足的景观空间；对于其他景观空间的设计，应强调景观元素的层级关系，可通过景观节点的空间大小、趣味程度以及景观步道的宽窄来体现。

3. 建筑群体详细设计

　　由于住宅类型多样，每种住宅类型按照相应建筑群体空间进行规划布局即可，对同一住宅形式的群体空间做太多变化，反而容易失去重点；建筑群体空间应与周围环境很好地结合，多层住宅和高层住宅的布局方式时常具有空间导向作用与景观轴线强化作用；公共建筑集中布置时，可考虑功能复合于一两栋建筑，并形成住区核心空间，分散布置时，可考虑与多高层住宅结合，布置在交通可达的位置（图3-53）。

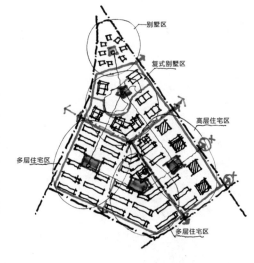

图3-53　深化方案

3.5.6　成果表达

1. 总平面图（图3-54）

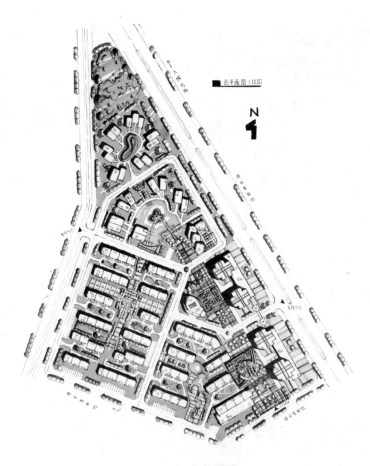

图3-54　总平面图

2. 规划分析图（图 3-55）

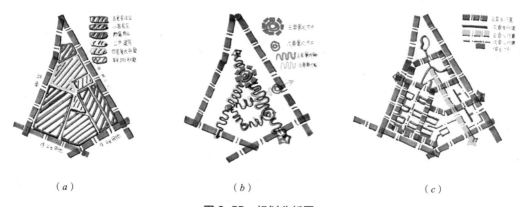

（a）　　　　　　　　（b）　　　　　　　　（c）

图 3-55　规划分析图

（a）功能分区；（b）道路分析；（c）景观分析

3. 鸟瞰图（图 3-56）

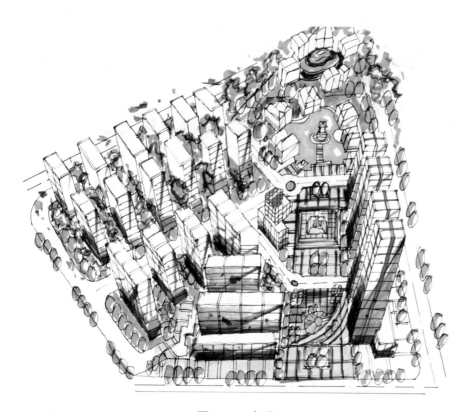

图 3-56　鸟瞰图

3.6 居住区优秀作品

3.6.1 方案一（图3-57）

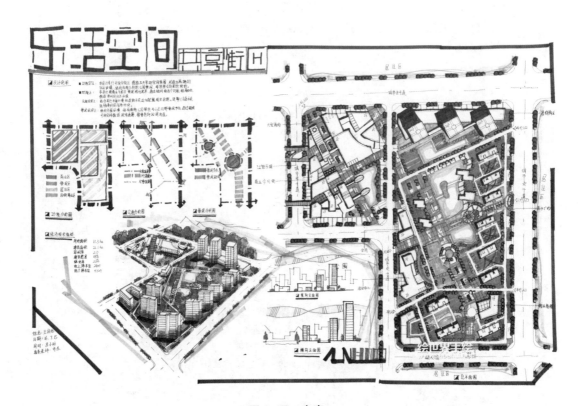

图 3-57　方案一

设计评析：方案表达成熟规范，色彩搭配协调美观；整体布局较为新颖，功能布局清晰合理，建筑空间群体较为多样。

不足之处：东侧地块个别机动车出入口距离主要道路交叉口较近，影响居民出入安全；静态交通设施考虑较少；部分板式高层住宅建筑尺度过小。

3.6.2 方案二（图3-58）

设计评析：方案表达成熟规范，功能布局较为清晰，交通组织简单合理，建筑群体空间变化多样。

不足之处：住区部分西北角步行出入口可考虑结合公共建筑设置，体现住区入口形象，而路网宜采用完整外环形路网，结合东南侧步行出入口设置为人车混行出入口，减少城市通行车流对住区的影响；在公园设计中，景观元素多样但游憩路线与景点缺乏主次，有待进一步深化。

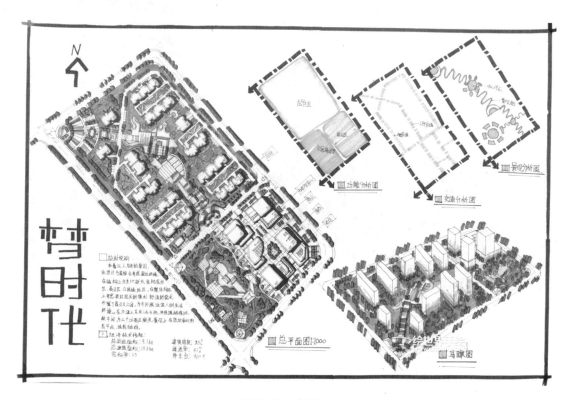

图 3-58　方案二

3.6.3　方案三（图 3-59）

设计评析：方案设计与表达均较为成熟，分析图示简单大方，体现出较强的手绘基本功；建筑群体布局规整大气，交通组织合理顺畅，景观环境丰富有趣。

不足之处：住宅建筑整体采用行列式，略显呆板，可适当考虑在建筑群体组合形式与单体建筑形式上进行一定的变化；仅靠近西南侧道路开有两个机动车出入口，会造成较大的交通出行压力，同时影响居民出行的便捷性，可按照规范要求适当考虑在东、北两侧开设机动车出入口，并安排静态交通设施。

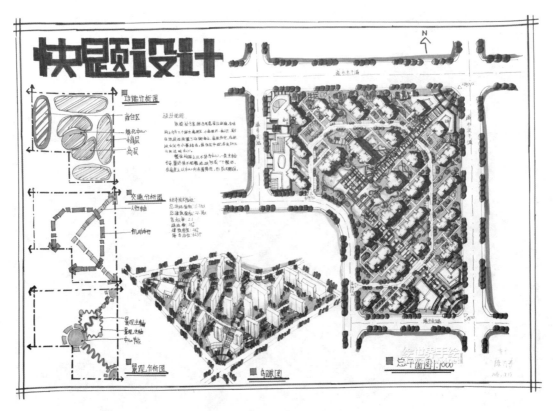

图 3-59　方案三

本章注释

①　停车率：指住区内居民汽车的停车位数量与居住户数的比率（％）。

②　地面停车率：指居民汽车的地面停车位数量与居住户数的比率（％）。

第4章　城市中心区规划快题设计

本章讲述城市中心区规划设计的相关概念、快题设计类型以及规划设计理念和原则。重点介绍城市中心区快题设计思维方法，并结合实际任务进行方案详解。

4.1 概述

4.1.1 城市中心区

城市中心区是城市公共活动体系的核心，是城市政治、经济、文化等公共活动最集中的地区。城市中心区是一个综合的概念，是城市结构的核心地区和城市功能的重要组成部分，是城市公共建筑和第三产业集中地域。在空间形态上有别于城市其他地区，一般包括商业商务中心、文化中心、行政中心以及综合公共服务中心等，集中体现城市的社会经济发展水平，承担经济运作和管理功能。

图 4-1　城市中心区范围示意

许多城市规划及相关专业的学生及从业者，对中心城区、城市中心区、城市中心这三个概念十分混淆，三者之间存在较大的区别，从空间范围来说，三者之间是一个子集的关系。中心城区是以城镇主城区为主体，并包括邻近各功能组团以及需要加强土地用途管制的空间区域，是行政范围的概念。城市中心区是人口相对周边集中，经济和商业相对周边发达的市区地带，是空间特点的概念。城市中心是一座城市行政部门所在地或者商贸、商业最发达集中的地带，也是空间特点的概念。因此在范围大小来看，中心城区 > 城市中心区 > = 城市中心（图 4-1）。

4.1.2 快题设计类型

1. 商业商务中心

商业商务中心是一个城市的商业和商务活动最发达的地区，高度集中了城市的经济、科技和文化力量，具备商业、金融、贸易、服务、展览、咨询等多种功能，并配以完善的市政交通与通信条件。在大城市或特大城市中，一般是城市的"中央商务区"（CBD）或城市"副中心"（Sub-CBD），如纽约曼哈顿（图 4-2）、巴黎拉德芳斯（图 4-3）、上海陆家嘴 CBD 等；在中小城市中，根据商业和商务功能所占的比例大小，可以细分为城市的零售商业中心和商务中心。

在商业商务中心规划快题设计中，主要功能设施有商业设施、商务设施以及一定的居住配套设施等。商业设施一般包括百货商场、购物中心、超市、酒店或宾馆、市场、餐厅、酒吧等；商务设施一般包括将金融保险、艺术传媒、技术服务等集中于一体的商务办公楼或写字楼。

图 4-2　纽约曼哈顿

图 4-3　巴黎拉德芳斯

2. 文化中心

文化中心是一个城市或地区内用于呈现文化艺术作品的建筑群体。通常围绕剧院或音乐厅修建,配备艺术博物馆、公共图书馆等形成城市艺术博览中心或会展中心,如纽约市林肯演出艺术中心(图 4-4)、澳大利亚悉尼歌剧院(图 4-5)等。随着人们物质生活水平的提高,人们对精神生活的需求也在逐步提升。许多组织、机构开始重视社区周边的文化基础设施的建设。例如某集团提出的"剧院社区化"同样是通过改建、新建社区周边的旧厅堂建筑来丰富社区居民的精神文化生活。这与文化中心的发展秉承的是相同的道理,未来综合性、多元化的文化中心扩建将会成为一种趋势。

图 4-4　纽约林肯艺术中心

图 4-5　悉尼歌剧院

在文化中心规划快题设计中,主要功能设施有文教设施、观览设施以及一定的商业或居住配套设施等。文教设施一般包括图书馆、文化宫、文化中心等;观览设施一般包括电影院、剧院、音乐厅、影城、会展中心、展览馆、博物馆等。

3. 行政中心

行政中心是一个国家的中央政府(首都)或地方政府所在地("治所")。地方各级行政区或政府驻地可以统称为"行政中心"。由于 20 世纪 90 年代后,西方国家"重理管理""重塑政府"改革的兴起和我国加入 WTO 后，政府行为适应性调整的需要以及改善我国执法现状、提高执法水平的需要，开始推行"一站式办公、一条龙服务、并联式审批、阳光下作业、规范化管理"模式的综合性行政服务机构（称为行政服务中心）。部分地区不会以行政服务中心来署名，而用一些差不多的词汇来署名，如深圳市民（服务）中心（图 4-6）等。

图 4-6　深圳市民（服务）中心

在行政中心规划快题设计中，主要功能设施有行政办公设施、广场设施以及一定的商业或文化设施等。行政办公设施一般包括机关、企业单位的办公楼等；广场设施一般包括市民广场或镇政府前广场等。

4. 综合公共服务中心

综合公共服务中心也叫公共活动中心，是居民进行政治、经济、文化等社会生活活动比较集中的地段，也是城市形象的精华所在和区域性标志。一般通过各类公共建筑与广场、街道、绿地等要素有机结合，充分反映历史与时代的要求，形成富有独特风格的城市空间环境，以满足居民的使用要求。城市公共活动中心的类型按所服务的范围分，有全市性、地区性、居住区性和小区性等多级中心。

在综合公共服务中心规划快题设计中，主要功能设施有商业实施、商务设施、文教设施、观览设施、办公设施以及相关配套设施等，一般是以上两种或两种以上的结合。

4.2　理念和原则

4.2.1　规划理念

1. 生态城市理念

城市中心区的规划建设要以可持续发展为指导，合理配置资源，保证中心区健康、持续、协调发展。中心区规划建设要符合生态规律，保证充足的绿地，要有完善的基础设施，注重城市绿化景观系统的延续性、开放性，注重城市自然景观的视觉观赏性。在滨水地带的中心区规划设计时，要因地制宜地考虑滨水景观以及滨水服务业打造，实施有效的自然保护（图 4-7）。

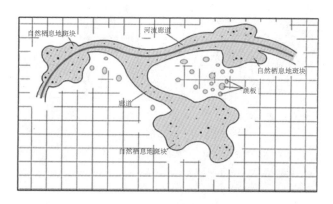

图 4-7　生态城市理念

2. 新城市主义理念

城市中心区的发展要借鉴新城市主义理念，前瞻性地考虑郊区化、城市空间拓展和中心城区活力等问题，强调社区的紧凑性和公共空间的重要性。以公共交通节点为中心，结合商业、办公、居住等综合用地进行集约开发，合理利用轨道交通站点，设置商业区、商务区以及文化娱乐设施（图 4-8）。

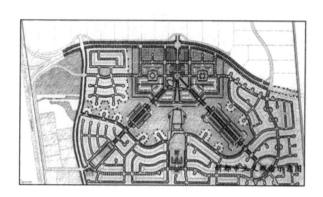

图 4-8　新城市主义理念

3. 健康城市理念

城市中心区应体现城市的健康状态。中心区内部应适当分区域提供不同类型的购物、文化娱乐、休闲场所和空间，同时要构建覆盖整个中心区的人性化设施、设备和服务体系。根据健康城市的要求，市民在商业区不仅能方便地工作和生活，而且能够满足自身生理、心理的健康需要（图4-9）。

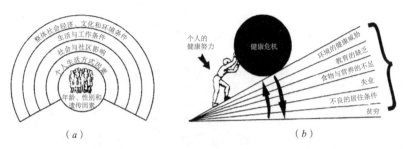

图4-9　健康城市理念

（a）决定健康城市的主要因素；（b）健康的梯度

（引自宋从宝，等. 当代国际健康城市运动基本理论研究纲要 [J]. 城市规划，2005，（10）：52-59）

4. 紧凑城市理念

城市中心区要坚持"紧凑型"规划理念，强调功能上的紧凑，不同功能的空间融合。提高土地利用强度，建设以步行交通、非机动车交通以及公共交通系统为主体的区域交通体系，实现整个城市形态的紧凑（图4-10）。

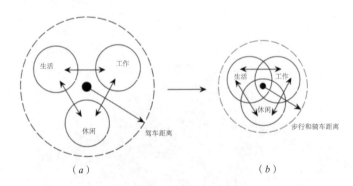

图4-10　紧凑城市理念

（a）功能分区造成对小汽车的依赖；（b）紧凑型中心减少出行并提倡步行和自行车出行

（引自网络）

4.2.2　设计原则

1. 功能多样化原则

城市中心区是城市政治、经济、文化等公共活动最集中的区域，应尽量做到功能的多样化。中心区的规划设计可以整合多元化功能，如办公、零售商业、文化、居住等，发挥城市中心区的多元性市场综合效益。

2. 土地高强度开发原则

　　城市中心区是城市结构的核心地区和城市功能的重要组成部分，一般都应具有较高密度和较高强度的开发，适应市场需求，保证良好的环境品质，实现土地的综合和集约利用。此外，还应特别关注中心区与其周围空间乃至更大范围的空间关系。

3. 交通便利原则

　　城市中心区应处于城市中交通便利的地段，拥有较强的可达性，方便市民到中心区办公、购物、居住以及游憩。同时，对于大多数中心来说，应注重步行空间和街区空间的营造，鼓励采用步行方式，并在步行空间外围适当补充换乘空间、交通换乘设施以及静态交通设施。

4. 强化城市活力和特色原则

　　城市中心区应体现城市历史文化和地域特色，保留城市的传统格局和历史风貌。通过不同功能和空间的塑造，创造丰富的景观环境和富有生气、活力的空间形态。

4.3　中心区设计方法论

4.3.1　空间布局形式

　　作为城市公共活动最为集中的地区，城市中心区在大城市、特大城市中的分布趋向多样化和专业化态势，在中小城市则趋向综合化。不同类型的城市中心区应分布合理、功能互补、使用方便，同一类型的城市中心区应分级设置，根据城市发展和居民生活的实际需要确定，并符合城市总体规划的要求。而在城市中心区内部，应考虑与城市整体空间相契合、相协调。这种整体考虑包括与城市中轴线的呼应、与城市山水廊道的衔接、与城市重要节点的联系等。其次，考虑与城市整体空间和谐的同时，城市中心区应从自身特点出发，体现特色性。这种特色体现包括用地内的地形地貌特征等物理性特征，历史文化特征等精神性特征等。总体来说，常见的城市中心区规划设计总体布局形式包括轴线式、轴线对称式、中心放射式、组团串联式及混合式等几种结构形式。

1. 空间结构

　　（1）轴线式

　　轴线式空间规划方法是城市规划快题设计中较常见的一种空间结构处理手法，最常使用在单一用地性质的较小地块内，能够清晰地表达出方案的功能分布和景观序列。这种布局结构可以从轴线的选取和轴线的强化两方面介绍"轴线式"空间结构方案的设计技巧。

1）轴线的建立

根据"两点成线"的原理，建立轴线的关键在于"节点"的选取，可以用来建立轴线的点可归纳为以下三种：角点、中点、重点。

①角点：地块的转角，可以作为人行出入口，布置入口广场。

②中点：地块长边的中点，适合设置人 - 车混行出入口，或预留开敞空间廊道。

③重点：地块中的空间或实体要素，如需要保留的建筑、水体、地形、交通站场等的所在位置。

以这三种"点"作为基点构建轴线，同时考虑从城市整体空间形态（如城市街道、建筑群等）出发，建立最恰当、协调、美观的空间布局结构。

2）轴线的强化

轴线的强化可以通过连续的建筑界面和丰富的景观序列来实现。在进行建筑群体的详细设计时，沿轴线布置风格一致的建筑或组团，形成连续的建筑界面（图 4-11）。在进行景观环境的详细设计时，沿轴线布置丰富且统一的景观环境要素，如绿地、水体等，形成有趣的景观序列（图 4-12）。

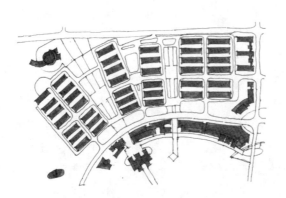

图 4-11　通过建筑界面强化轴线

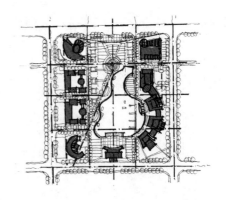

图 4-12　通过景观序列强化轴线

（2）轴线对称式

"轴线对称式"是轴线式发展的一种模式，能够形成最强烈的空间序列感。围绕轴线进行对称式布局，在轴线两侧布置基本对称的建筑群体，营造明确的空间导向，一般在行政中心或综合公共服务中心规划中常采用这种布局结构（图 4-13）。

（3）节点放射式

"节点放射式"一般以一个标志性建筑群体空间（或标志性建筑）或大型广场为空间核心，通过放射式的开敞空间廊道与其他组团空间的节点相联系，形成放射式的空间结构，一般在文化中心或综合公共服务中心规划中采用这种布局结构（图 4-14）。

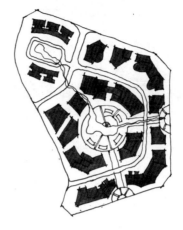

图 4-13　轴线对称式空间布局　　　　图 4-14　节点放射式空间布局

（4）组团串联式

"组团串联式"是指基于功能分区的方法，建立相对独立的功能组团，通过河流、绿化、步行系统、车行道等开敞空间廊道将各个功能区串联在一起。这种空间布局结构适用于用地被山体、水体或其他自然要素分割严重的用地，或需要特别强调功能独立性的用地。这种形式的重点在于如何利用道路、水、绿化等要素将全局进行有机串联。串联时要把全局中心、重要节点、重要界面等组织成一个空间相对独立，但内部存在紧密联系的整体（图 4-15）。

（5）混合式

"混合式"一般是指采用以上两种及两种以上的结构，形成的空间结构形式。这类布局结构一般有一定特征的轴线，但功能之间相对比较独立，单一的轴线无法串联起各项功能，因此，需要通过其他非轴线的要素来组织整体空间结构，比如环形道路，方格道路等，一般在较大地块的综合公共服务中心规划中采用这种布局结构（图 4-16）。

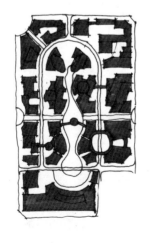
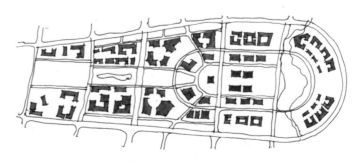

图 4-15　组团串联式空间布局　　　　图 4-16　混合式空间布局

2. 设计要点

（1）城市中心区要有明确的核心空间，或由大型标志性公共建筑围合而成，或围绕节点广场布局形成，核心空间在结构上统领全局。

（2）城市中心区一般具有功能多样、公共设施集中、人流量大等特点，要综合考虑规划地段的特点以及与城市整体空间结构的关系，在空间布局时，形成重点突出、主次分明、层次清晰的空间结构。

（3）城市中心区要根据规划地段的规划要求，合理组织不同功能组团之间的空间联系。行政办公功能一般结合市民广场布置，建筑群体空间采用轴线对称布局；商业休闲功能一般布置在交通便利地段，大型商业设施建筑尽量沿城市干道设置，同时要有利于形成组团商业或线性商业空间；商务办公功能常会结合商业功能布置，形成商业商务复合功能空间。

4.3.2 道路交通规划

1. 道路网结构

道路网结构是城市中心区空间形态和特色的直接反映。影响道路网结构的因素很多，包括地形条件、用地现状、历史格局和传统文化等。总体来说，城市中心区的道路网结构包括方格网形、环形放射形、自由形和混合形等几种结构形式。

（1）方格网形

方格网形路网主要由垂直交叉的道路围合而成，形成各种方形用地。在地势较为平坦规整，无大山大水的地段中，可以采用这种路网结构。这种道路网结构的优点是庄重、大气，便于较灵活地进行建筑群体空间设计。缺点是结构稍显呆板、传统，易受地段内现状条件的影响。因此，在进行道路网规划时，可根据现状用地特征和功能布局进行适当调整，形成丰富多样的空间（图 4-17）。

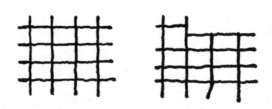

图 4-17　方格网形路网结构

（2）环形放射形

环形放射形路网是指由中心往外不断辐射扩散，形成环形与放射形道路交叉的结构。通常围绕一个城市地标建筑、大型广场、水体景观等具有标志性作用的中心要素进行扩散。这种路网结构的优点是可以形成强烈的空间感，具有较强的视觉冲击力，可以将交通量分散到各个区域。缺点是道路曲折，交通不便，易形成不规则的用地或街区，给建筑布局和房屋朝向布局带来一定困难（图 4-18）。

图 4-18　环形放射形路网结构

（3）自由形

自由形路网结构通常是围绕山体、水体以及重要文物建筑等要素构建的路网结构。这种路网结构的优点是布局自由灵活，依山就势，依水临绿，带来丰富的景观效果和人车分流效果。缺点是变化过多、布局不当会形成凌乱无序的效果，同样易造成一些不规则的用地或街区，给建筑布局和房屋朝向布局带来一定困难。当城市中心区中有较大曲线水体、山体、绿地时，可沿这些自然边界形成自由形路网结构（图 4-19）。

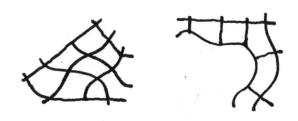

图 4-19　自由形路网结构

（4）混合形

混合形路网结构是采用以上两个或两个以上形式的路网结构，也是城市中心区规划设计中最常见的一种路网结构。通常由于城市中心区用地范围较大、地形条件复杂、环境要素繁多，因而会根据不同的影响因素来布置合理的道路网结构。这种道路网结构的优点是综合各种路网结构的优点，避其短处，以发挥最大的功能和效果。缺点是不同道路网结构的衔接处理不当，不能自然过渡，易造成布局混乱。一般根据用地范围内的现状条件和功能特征，进行综合规划布局（图 4-20）。

2. 道路详细规划设计

（1）车行交通规划

城市中心区内部的车行道路主要承担交通疏散和消防疏散作用，应根据用地形态

图 4-20 混合形路网结构

和功能布局综合规划。机动车出入口应尽量设置在流量较少的非主要道路上。机动车出入口与大中城市主干道交叉口的距离,自道路红线交叉点量起不应小于 70m。城市中心区是公共活动最为频繁的区域,应提倡人车分行的设计理念,合理组织人流、车流。

（2）步行交通规划

城市中心区内部的步行交通应结合公共开放空间系统进行系统规划设计,形成良好的步行环境,创造丰富多样的空间场所,满足人们的游憩和观景需要。步行出入口一般会设置在城市干道一侧,作为城市中心区的形象和入口标识。

（3）静态交通规划

城市中心区内部的静态交通应以地下停车为主,提高土地使用效率;地面停车为辅,解决临时停车需求,且应符合任务书中的停车要求或相关城市规划技术管理规定中的停车要求。此外,文教建筑（如图书馆、文化宫）、观览建筑（如电影院、会展中心）等应有独立的车行系统和静态交通系统。

4.3.3 单体建筑形态

城市中心区中不同功能组团有不同的建筑群体空间,而不同的建筑群体空间又由不同功能的单体建筑组合而成。在设计时,应根据特定功能项目进行建筑选型。用地范围较大时,建筑的选型从简而行,寻求整体的统一性和连续性,不必做太多的建筑凹凸和细部处理。用地范围较小时,建筑选型要求更高,需要通过对建筑造型的细部进行处理,来丰富空间。此外,在建筑体量和风格上,与城市整体空间环境协调,形成和谐的总体空间和城市景观序列。

1. 办公建筑

办公建筑是指供机关、团体和企事业单位办理行政事务和从事各类业务活动的建筑物,包括行政办公建筑（图 4-21）和商务办公建筑（图 4-22）。

2. 商业建筑

商业建筑是指供人们从事各类商业经营活动的建筑物,包括零售商店、商场、购物中心、餐馆、酒吧等（图 4-23）。商业建筑的选址不宜位于城市交通性主干道上,同时应严格控制在道路上对车行开口。大规模的商业建筑应比邻主干道而非近贴主干

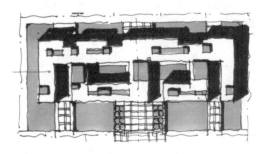
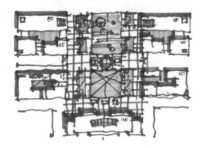

图 4-21　行政办公建筑

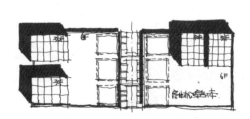

图 4-22　商务办公建筑

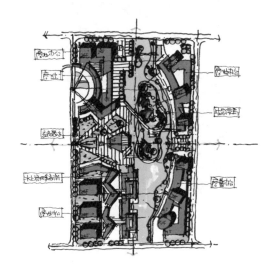
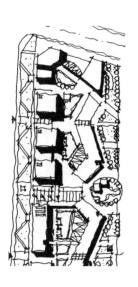

图 4-23　商业步行街

道。新建商业建筑选址应紧靠大型居住区位置。同时由于商业建筑在将来运营的过程中，会对周边造成相当多种类的污染，如噪声、气味、强灯光，因此从居住区环境考虑，不宜将商业建筑建设在离住宅过于接近的地段，并且应在商业建筑和相邻住宅区之间做好隔离措施，以尽量减少商业建筑对周边居住环境的负面影响。

　　商业步行街作为一种特殊的建筑群体，在城市中心区规划设计中经常出现。步行街两侧的店面为小体量组合建筑，单个店面的进深在 10～15m，开间为 5～8m，层数在 2～3 层居多，少数节点标志性建筑可做到 4～5 层。步行街设计的重点在于通过店面围合出收放有序的步行空间，每隔200m应设置一个供行人休息的放大节点空间，且步行街的长度控制在600～800m较为合适。考虑到行人的视野范围，步行街的街道高宽比控制在1∶1～1∶1.5较为合适，此时人的视线多注意两侧建筑,街道围合感较强。

3.文教建筑

文教建筑是指文化教育建筑，包括小学、中学、大学、图书馆、学术交流中心、文化宫、文化中心等与文化教育有关的建筑。跟校园有关的文教建筑在第6章介绍。以文化馆为例，文化馆按使用需要，至少应设两个出入口；当主要出入口紧临主要交通干道时，应按留出缓冲距离；应设置自行车和机动车停放场地，并考虑设置画廊、橱窗等宣传设施（图4-24）。

4.观览建筑

观览建筑是指用于观赏艺术表演和文化展览的建筑，包括电影院、剧场、音乐厅、会展中心、展览馆、博物馆等。这些单体建筑体量大，建筑面宽30～200m不等，建筑高度12～30m，建筑选型灵活、丰富，一般都采用具有较强几何感的平面形态，如方形、圆形、椭圆形、扇形、多边形等，具体选择可根据用地情况自由变换。

以电影院为例，其选址应符合当地总体规划和文化娱乐设施的布局要求，远离工业污染源和噪声源；至少应有一面直接临接城市道路；应有两个或两个以上不同方向通向城市道路的出口；基地和电影院的主要出入口，不应和快速道路直接连接，也不应直对城镇主要干道的交叉口；主要出入口前应设有供人员集散用的空地或广场（图4-24）。

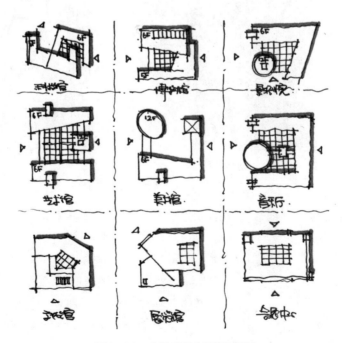

图 4-24　文教建筑与观览建筑

5.旅馆建筑

旅馆建筑是指向顾客提供一定时间的住宿，也可提供饮食、娱乐、会议、健身、购物等服务的综合性公共建筑物，包括酒店、旅馆、宾馆等（图 4-25）。以旅馆为例，其选址应在交通方便，环境良好的地区；应根据所需停放车辆的车型及辆数在基地内或建筑物内设置停车空间，或按城市规划部门规定设置公用停车场地；应根据所处地点布置一定的绿地，做好绿化设计。

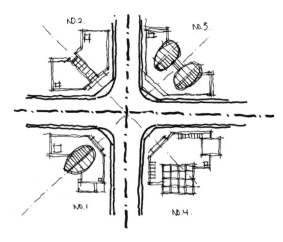

图 4-25　酒店及旅馆建筑

6.医疗建筑

医疗建筑是指向人们提供医疗诊断、治疗、休养等系列服务的公共建筑，包括医院、诊所、疗养院等。以综合医院为例，其选址交通方便，宜面临两条城市道路；环境安静，远离污染源；地形力求规整；并远离高压线路及其设施；不应邻近少年儿童活动密集场所（图 4-26）。

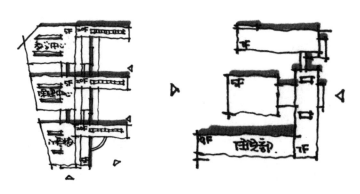

图 4-26　医疗建筑

4.4 设计任务一：华中地区某大城市中心区概念城市设计

4.4.1 项目概况

1. 场地条件

项目用地紧邻某历史古城，位于城市的核心区，随着城市的发展，该老居住社区基础设施落后，环境较差，存在安全隐患，为提升居住环境和城市品质，拟对该片区改造开发。该片区曾是重要的商业街区，同时有宗教、书院等设施，历史悠久。规划用地的周边关系：东临城市规划道路，西临城市重要干道，南临居住区，北临城市二环线（高架）以及现代公园、古城门、遗址公园、文化休闲区等（图4-27）。

2. 规划设计要求

（1）明确项目定位，请策划用地功能业态，提出合理的规划布局以及不同功能的比例控制。并结合设计，布局一处建筑规模约3000m² 的天主教堂。

（2）规划净用地面积11.6hm²（含轨道影响用地及轨道控制用地），平均容积率约3.0，建筑规模约34.8万m²。

（3）规划设计应充分考虑用地与北侧古城门、公园、历史建筑等如何有效衔接。

（4）规划设计可结合设计构思，完善用地的交通组织，同时人行交通应充分与轨道站点相结合，同时考虑解决过街设施等。

（5）用地设计应充分考虑建筑的风貌、建筑高度、建筑屋顶等方面的控制。

（6）用地设计应充分考虑西侧桥头景观以及眺望景观体系等。

（7）对地下空间的利用应结合设计提出规划利用的初步设想。

3. 成果要求

（1）简要设计说明。

（2）总平面图及相关技术指标（1 : 1000）。

（3）规划布局图。

（4）规划构思分析图（规划结构、公共开放空间体系、功能分区、建筑风貌及高度控制、视线廊道等）。

（5）规划与北侧城市公园、历史建筑等关系的处理分析图。

（6）整体鸟瞰示意图。

（7）体现主要设计意图的局部透视图。

4. 表现方式及时间要求

（1）可在答题纸上直接绘制，也可在硫酸纸或拷贝纸上表现完成。

（2）时间要求：规划快题设计共计 7 小时，包含午餐时间。

5. 地形图参考

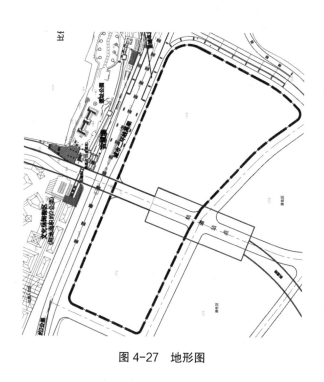

图 4-27 地形图

4.4.2 任务解读

本次任务属于一项策划性城市设计，要求设计者通过地块条件的深入解读和综合分析，确定区域的发展方向、定位、重点、目标以及开发策略等，从而进行功能业态策划，明确功能特色、重点项目以及主要内容，并提出相关要素的发展原则和方法等。根据任务要求，可以确定以下四个设计重点：（1）功能定位与功能业态策划。项目用地紧邻历史古城，位于城市核心区，因老居住社区基础设施落后，环境较差等问题，故对该区域进行再开发，那么什么样的功能符合该区域的发展，同时能有效提升居住环境和城市品质，这是该项目的设计重点之一。（2）功能布局与文化延续。该片区曾是重要商业街区，同时有宗教、书院等设施，北侧紧邻二环线、古城门、遗址公园等，轻轨站点位于两个地块中间，那么如何考虑对古城文化的延续、对轨道站点周边用地的开发利用以及地块内部功能用地的比例设定是该项目设计的又一重点。（3）交通组织与立体交通设计。该片区周边交通现状相对复杂，东、北两面有高架桥，中间轨道交通穿过地块，那么如何合理有效地引导车流、人流，提升该片区活力和品质的同时减少交通拥堵，保证交通畅通安全是该项目设计的第三个重点。（4）公开开放空间及景观体系营造。该片区位于历史古城以南，西侧 2km 处有跨江大桥，北侧紧邻多处历史文化设施，那么如何组织地块内部公共开放空间，并考虑与周边景观要素的衔接是该项目设计的又一设计重点。

设计要求平均容积率为 3.0，开发强度相对较高，在 11.6hm² 的用地范围内，建设规模约 34.8 万 m²，功能业态与设施需要设计者对该片区进行综合分析后确定，其他相关指标则可以在功能布局和空间形态大致明确后灵活调整。

（1）形象口号——智城慧谷。

（2）总体定位——文化客厅，智慧源泉。

（3）功能定位——1）现代文化休闲区。挖掘历史文化，整合历史资源，以宗教文化为媒介，打造活力商业休闲街区。2）创智产业栖息地。综合古城历史资源，利用南大门形象窗口，助力文化创意产业，打造创智产业栖息地。3）现代生活新慧谷。运用绿色生态理念，配套特色品质住区，融合现代与传统文化，打造新式生活慧谷。

4.4.3　场地分析

1. 周边场地分析

（1）交通区位——地块东临城市规划道路，北临城市二环线，并形成高架转盘，在设计时应适当考虑地块内沿街建筑后退、建筑防噪处理以及与北部的过街联系，如地下通道等；东侧 1km 处为城市火车站，西侧 2km 处为跨江大桥，则可考虑在地块内部设置餐饮、住宿的设施，以及与跨江大桥的景观视线通廊；西临城市重要干道，则应考虑临街建筑景观界面与地块车行出入口限制；中间道路既是与古城的联系通道也是轻轨线路，应考虑道路两侧的建筑退让，设置集散广场以及配置商业商务功能，发挥站点周边土地利用效益（图 4-28）。

（2）文化区位——地块南邻居住区，北邻文化休闲街区、古城门、遗址公园、瞭望台、古城墙等，可见该片区是历史古城的南大门，是古城重要的形象窗口，可考虑规划为历史古城的文化展示区，并配套商业休闲功能，同时基于诸多文化遗址等设施开发文化创意产业（图 4-29）。

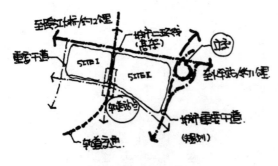

图 4-28　交通区位

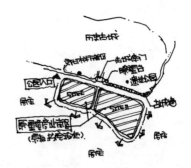

图 4-29　文化区位

2. 地块内部场地分析

（1）地形——任务书中未做说明，可考虑作为平坦用地处理。

（2）现状交通——轻轨站点位于地块中间靠南部，并有城市道路将该片区划分为东、西两块，则在设计时应考虑轻轨站点的人流集散、交通换乘以及东西地块的适当联系。

（3）现状建筑——该片区曾为重要商业街区，同时有宗教、书院等设施，规划要求在地块内部布置一处天主教堂，则在设计时可考虑与商业商务设施结合布局，作为街区活力媒介，也可考虑单独设置，作为文化展示设施；此外，内部设施建筑风格应与文化休闲街区等风格协调，可考虑局部运用传统仿古建筑或传统与现代风格的结合体。

4.4.4　设计构思

1. 环境分析

该片区北侧紧邻历史古城以及多处文化遗址，在环境分析时，主要考虑"借用"人文资源来塑造与地块内的空间关系，由于该片区东西向较为狭长，因而分别考虑东、西两个地块的空间环境，同时也保证两地块的空间联系。（1）方案一，选取地块边界的中点作为节点，采用垂直边界的轴线串联节点，而轴线的交点作为核心节点，从而塑造空间结构 [图 4-30（a）]。（2）方案二，选取地块边界的角点作为节点，采用斜向轴线串联节点，而轴线的交点作为核心节点，从而塑造空间结构；指向跨江大桥方向的斜向轴线作为步行景观轴线，而垂直它的另一条斜向轴线为功能联系轴线 [图 4-30（b）]。此外，在进一步深化方案时，空间轴线可以作为步行景观轴线或视线通廊，核心节点可以作为中心景观节点，其他节点则可作为次要景观节点或出入口。

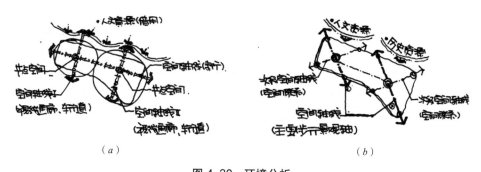

（a）　　　　　　　　　　　　　　　　（b）

图 4-30　环境分析

（a）方案一；（b）方案二

2. 功能布局

（1）方案一——规划东部地块为文化创意街区，西部地块为商业商务街区，两片区通过中央步行景观轴进行空间联系，并分别通过与北部历史资源建立次级景观视廊，因北侧二环线高架对景观视廊产生一定干扰，因而次级景观视廊更多地承担功能拓展作用。在进一步深化布局时，东部地块，在轻轨站点附近布置创意文化展示，然后是创意研发，中心设置开放广场，东南角布置配套居住，东北角布置酒店等住宿服务；西部地块，在轻轨站点附近布置商业商务功能，中心布置天主教堂作为文化激活媒介，西部布置商业休闲功能 [图 4-31（a）、图 4-32（b）]。

（2）方案二——规划东部地块为创意艺术街区，西部地块为文化商业休闲街区，两地块自成系统，东部地块突出创意文化景观轴，西部地块突出商业文化休闲轴。在进一步深化布局时，东部地块，在轻轨站点附近布置综合服务和创意研发功能，在中心布置创意 SOHO 办公，在东南角布置艺术创作，在东北角布置商务酒店服务；西部地块，中心依旧布置教堂建筑，靠近轻轨站点附近布置商业商务，其余布置商业休闲功能形成现代商业街区 [图 4-31（a）、图 4-32（b）]。

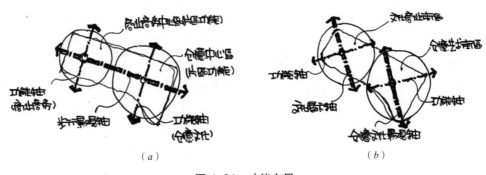

（a）　　　　　　　　　　　　　（b）

图 4-31　功能布局
（a）方案一；（b）方案二

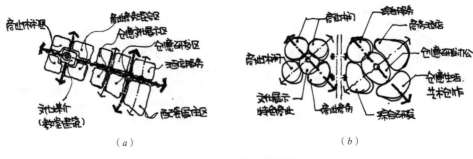

（a）　　　　　　　　　　　　　（b）

图 4-32　功能布局深化
（a）方案一；（b）方案二

3. 交通组织

（1）方案一——车行交通，主要解决南北向交通联系，东部地块采用贯通型道路服务创意办公区和艺术创作区，西部地块围绕教堂建筑形成南北连通。步行交通，主要解决东西地块的空间联系，打造丰富有趣的步行景观区。此外，为充分利用立体空间，保证便捷安全的步行交通，考虑联系轻轨站点与周边公建，建立空中步行走廊；在地块北侧，布置地下过街通道，加强该片区与北侧古城遗址的联系（图 4-33）。

（2）方案二——车行交通，路网是骨架，在功能布局的基础上，在东、西两地块均采用贯通型路网联系不同的功能区，并进一步强化空间结构，按规范合理确定地块出入口。步行交通，依托空间主要轴线作为主要步行道路，空间次要联系作为次要步行通道（图 4-34）。

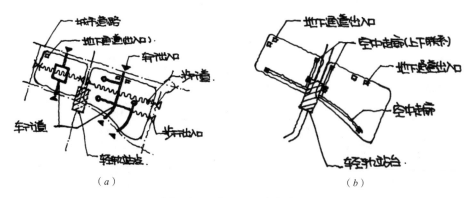

（a）　　　　　　　　　　　　　　　（b）

图 4-33　交通组织（方案一）

（a）地面一层；（b）地面二层

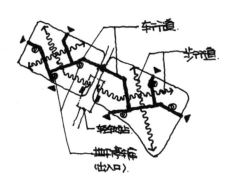

图 4-34　交通组织（方案二）

4. 公共空间

（1）方案一——通过东西向主要步行轴线联系主、次节点空间，次要轴线关系联系次级节点或一般节点空间，形成完善的公共开放空间体系 [图 4-35（a）]。此外，为该片区西侧桥头景观的引入以及南北景观视廊的控制，应考虑地块内功能设施的高度分区控制（图 4-36、图 4-37）。

（2）方案二——主要景观轴线联系核心节点空间与次级节点空间，一般节点为建筑组团空间，通过次要轴线联系 [图 4-35（ *b* ）]。

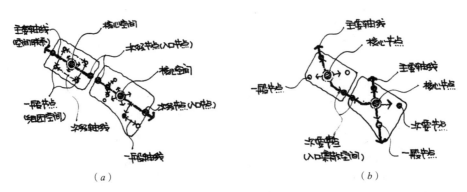

（ *a* ）   （ *b* ）

图 4-35   公共开放空间体系

（ *a* ）方案一；（ *b* ）方案二

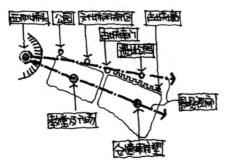
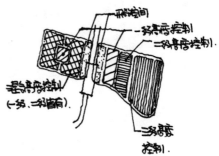

图 4-36   景观眺望视线控制   图 4-37   地块高度分区

5. 建筑布局

（1）方案一——整体建筑空间呈现东高西低，轨道线路两侧相对较高地布局，运用"城市针灸"理论，布置文化媒介（教堂建筑）激活商业商务街区，文化创意街区采用不同风格的办公空间，体现街区的多样性和现代艺术气息，采用常规高层住宅作为生活配套（图 4-38）。

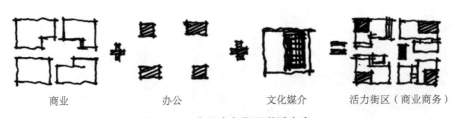

商业   办公   文化媒介   活力街区（商业商务）

图 4-38   商业商务街区激活方案

（2）方案二——整体建筑群体空间与路网骨架进行有机结合，同时采用风格对比、体量对比，建筑空间大小对比等手法，突出文化休闲与创意研发功能，突出该片区强烈的现代艺术与文化气息，以体现"智成慧谷"形象。

4.4.5　方案深化

1. 道路交通详细设计

完成主要的路网骨架后，应进一步完成次要道路或组团道路以及建筑入户道路的设计；标注地面地下停车场位置、地下连接通道的出入口以及轨道站点的竖向联系要素；道路宽度按照相应规范设计。

2. 景观环境详细设计

应通过水体、绿植、铺装等景观要素丰富主要景观轴线的设计，核心景观节点位置布置中心广场，如教堂前广场和创意雕塑广场；次要景观轴线与次要节点空间，在趣味性和丰富程度上要与主要轴线和核心节点空间有所区分，其中轻轨站点附近的步行出入口作为次要景观节点，应体现街区入口形象；其他一般节点，如建筑群体组团绿地，仅以绿地表达即可，也可适当做设计。

3. 建筑群体详细设计

不同功能的建筑群体在平面形态上，应体现出一定的形态差异和体量差异，但不宜做过多变化（图 4-39、图 4-40）。

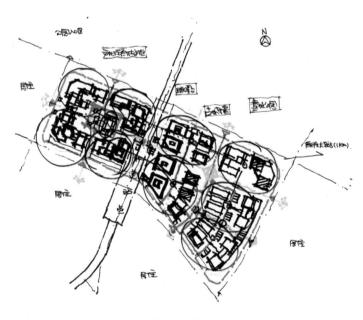

图 4-39　深化方案一

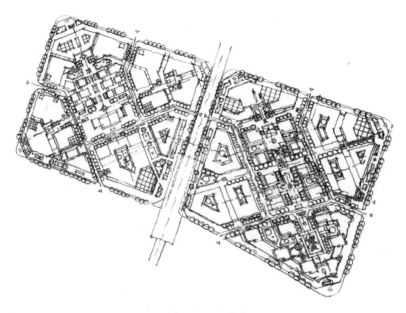

图 4-40　深化方案二

4.4.6　成果表达

1. 总平面图（图 4-41、图 4-42）

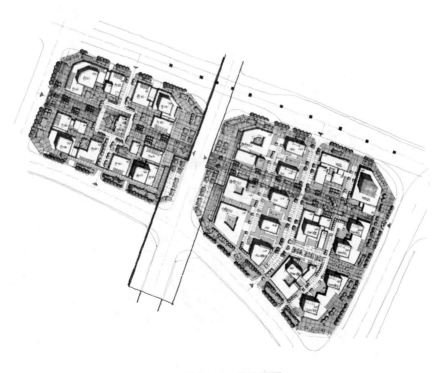

图 4-41　总平面图一

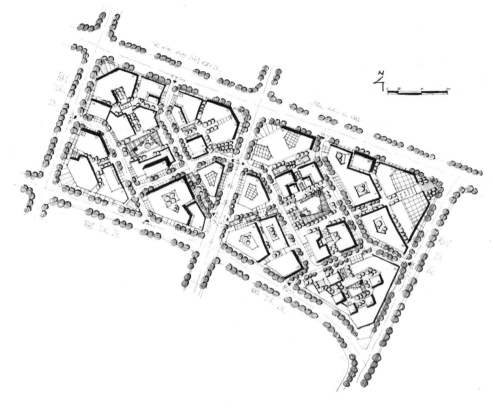

图 4-42　总平面图二

2. 规划分析图（图 4-43、图 4-44）

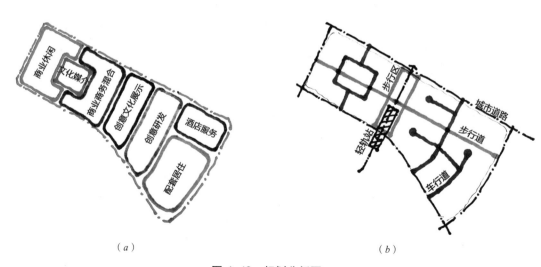

（a）　　　　　　　　　　（b）

图 4-43　规划分析图一

（a）功能分区；（b）道路分析

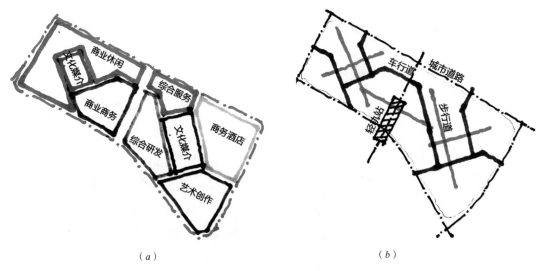

（a） （b）

图 4-44　规划分析图二

（a）功能分区；（b）道路分析

3. 鸟瞰图（图 4-45、图 4-46）

图 4-45　鸟瞰图一

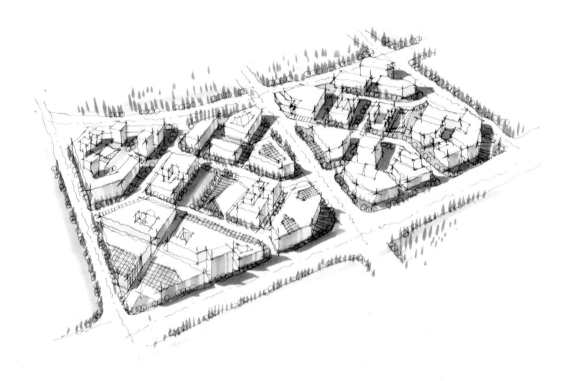

图 4-46　鸟瞰图二

4.5　设计任务二：城市公共中心设计

4.5.1　项目概况

1. 场地条件

规划地块位于三线南方城市中心地段，地块包括两个形态，矩形和三角形，北邻税务大楼，南邻城市主干道，东南紧邻城市河道（路面宽度如图 4-47 所示），其他周边用地性质为商业、办公混合用地（基地周边情况如图 4-47 所示）。

2. 规划要求

规划将基地建设为一现代城市公共中心，以开放、自由和为服务群众为宗旨，要求有效结合城市景观水体，创造合理、适合人们聚集的开放空间。

3. 功能配置

（1）市民活动中心，建筑面积不低于 1.5 万 m²。

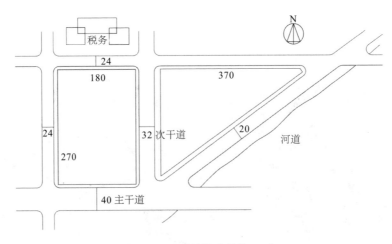

图 4-47　地形图（单位：m）

（2）商业、辅助性办公功能，建筑面积小于 2 万 m^2。

（3）特色商业功能，建筑面积不低于 8000m^2。

（4）创意文化街区功能，包括体验、生产和娱乐展示，建筑面积不低于 2 万 m^2。

（5）市民活动广场，面积不低于 2000m^2。

（6）其他功能可根据规划需求自定。

4. 指标控制

（1）容积率不得超过 2.0。

（2）限高 100m。

（3）地面停车位总数不少于 120 个。

5. 图纸要求

（1）一张 A1 规格，若为 A2 图纸，可两张布置。

（2）总平面图 1：1000，分析图内容自定，不少于 2 个，局部透视表达即可。

6. 地形图参考（图 4-47）

4.5.2　任务解读

　　本次任务是一项典型的城市中心区规划设计，包含商业、办公、文化创意、活动广场以及集多功能于一体的市民活动中心等设施，旨在建设为一座开放、自由的现代城市公共中心。

　　设计要求容积率不超过 2.0，总用地面积约在 9.85hm^2，则可知建设规模不应超过 19.7 万 m^2；而功能设施的建设规模多数是下限要求，总建筑面积不低于 6.5 万 m^2，在功能布局上具有一定弹性，可根据功能定位增加相关设施，提高公共中心服务功能。

4.5.3 场地分析

1. 周边场地分析

（1）河道——用地东南方向紧邻河道，在设计时可考虑水体景观的渗透或引入，建立地块与河道的景观视廊。

（2）税务大楼——用地北邻税务大楼，坐北朝南，拥有绝佳的地理位置并具有该片区的统领作用，在设计时可考虑与矩形地块建立起很好的功能联系。

（3）道路——地块南邻城市主干道，次干道将该片区划分为矩形和三角形两个地块，在功能布局时可考虑将商业、商务等设施沿主干道布置，营造干道两侧景观界面。

（4）周边用地——周边为商业、办公混合用地，则在设计时可适当增加商业、办公等设施。

2. 地块内部场地分析

任务书对地形条件、建筑及交通现状未做说明，可将用地当作平坦用地，同时考虑矩形地块与三角形地块的空间联系。

4.5.4 设计构思

1. 环境分析

在进行快速的环境分析时，重在寻找快速构思的环境媒介，在该方案中，主要考虑通过税务大楼塑造与矩形地块、河道景观与三角形地块的空间联系，塑造总体空间脉络（图 4-48）。

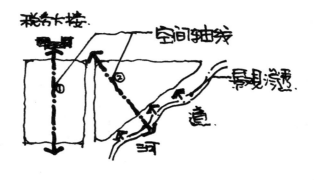

图 4-48 环境分析

2. 功能布局

规划将市民活动中心与市民活动广场结合布置于矩形地块北部，商业以及辅助性办公布置于矩形地块南部，特色商业布置于三角形地块西北角，创意街区靠近水体景观一侧布置，适当增加配套酒店服务或创意展示设施置于东侧街角。在确定的两条空间轴线的基础上，进一步细化功能组团，考虑各组团空间联系进行整体空间设计（图4-49、图4-50）。

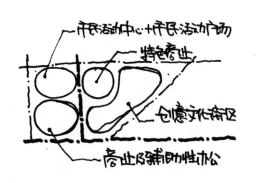

图 4-49　功能分区

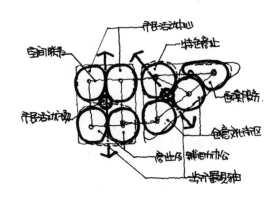

图 4-50　空间结构

3. 交通组织（图 4-51）

（1）车行交通——通过东西向道路串联各功能区，并沿不同功能区的边界布置。由于地块内基本为公共设施，需要大量的步行区域，可适当考虑道路的"模糊化设计"，避免车行交通对步行产生过大干扰，同时也增加空间的趣味性。此外，因三角形地块沿河道一侧的边界较长，也可考虑设置一段人车混行通道。

（2）步行交通——结合全局的空间轴线布置主要步行通道，其他建筑组团通过设置与主轴线的步行空间，使步行范围能延伸整个功能片区内。

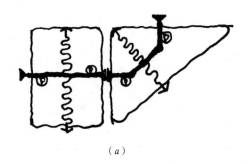

（a）

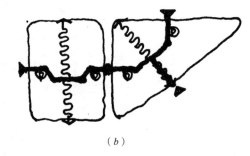

（b）

图 4-51　交通组织
（a）初步方案；（b）优化方案

4. 公共空间（图 4-52）

通过主要步行景观轴线串联核心、次级节点空间，次要轴线与一般空间轴线联系次级与一般节点，核心节点可以是地块的重心，次级节点可以是主要步行出入口或人车混行出入口，一般节点是各功能区的组团绿地或开敞空间。

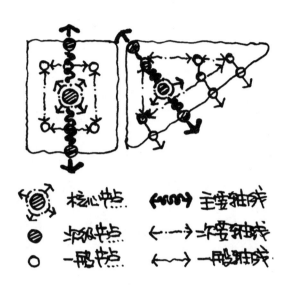

图 4-52　公共开放空间体系

5. 建筑布局

以市民活动广场作为矩形地块的核心空间，并作为市民活动中心与商业办公空间的联系节点，市民活动中心可以是大体量的综合体建筑，也可以是体量相对较小的组合建筑；商业空间可以采用灵活多变的建筑形态，增强其趣味性和观赏性；创意街区可以进一步细化，包含艺术家工作室、创意工坊和创意展示等（图 4-53）。

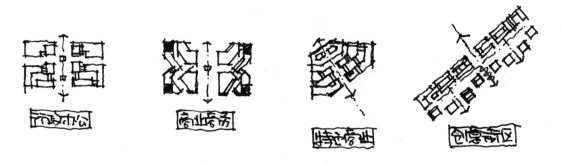

图 4-53　主要建筑形态参考

4.5.5 方案深化

1. 道路交通详细设计

在主要车行道路确定后，若足够满足不同建筑的车行需求，可无须再考虑次级道路，从而留出足够的步行空间；应考虑为市民活动中心、商业办公等设施提供地面、地下停车，标注停车场位置及范围；步行道路应丰富有趣，体现空间引导性与层级关系。

2. 景观环境详细设计

主要景观节点通过大型广场界定，以硬质铺装为主，适当增加绿植、水体等软质景观要素；在与不同空间联系的交点以及入口节点上设置景观标识，如广场、喷泉、雕塑等。

3. 建筑群体详细设计

建筑群体空间应充分考虑公共开放空间体系，通过不同建筑组合形成不同开敞空间，同时保证一定的贴线率，使建筑空间布局更加整体、结构更加清晰（图 4-54、图 4-55）。

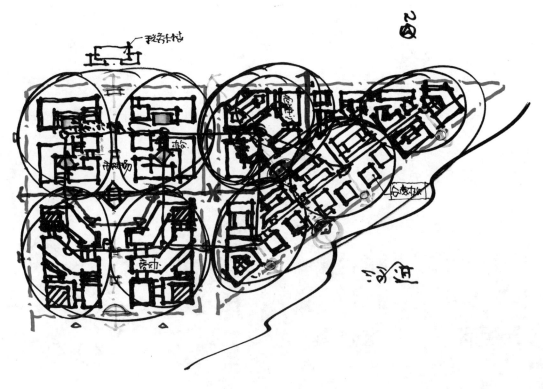

图 4-54 方案一

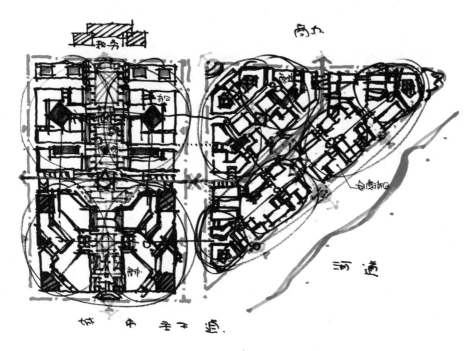

图 4-55　方案二

4.5.6　成果表达

1. 总平面图（图 4-56、图 4-57）

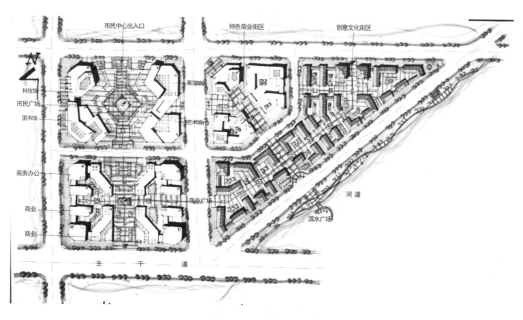

图 4-56　总平面图一

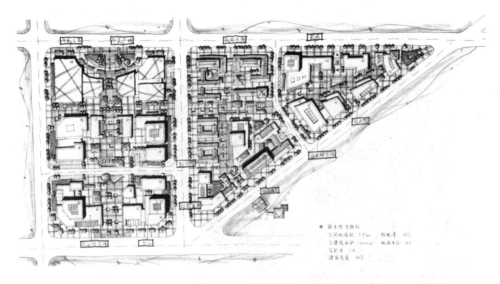

图 4-57　总平面图二

2. 规划分析图（图 4-58、图 4-59）

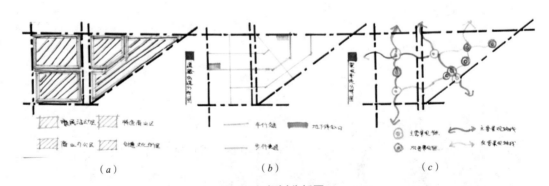

（a）　　　　　　　　（b）　　　　　　　　（c）

图 4-58 规划分析图一

（a）功能分区；（b）道路分析；（c）景观分析

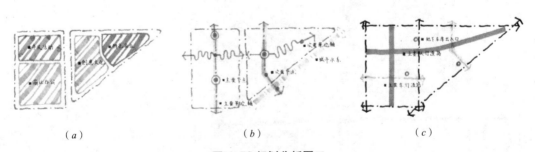

（a）　　　　　　　　（b）　　　　　　　　（c）

图 4-59 规划分析图二

（a）功能分区；（b）道路分析；（c）景观分析

3. 局部效果图（图 4-60、图 4-61）

图 4-60　局部效果图一

图 4-61　局部效果图二

4.6　城市中心区优秀作品

4.6.1　方案一（图 4-62）

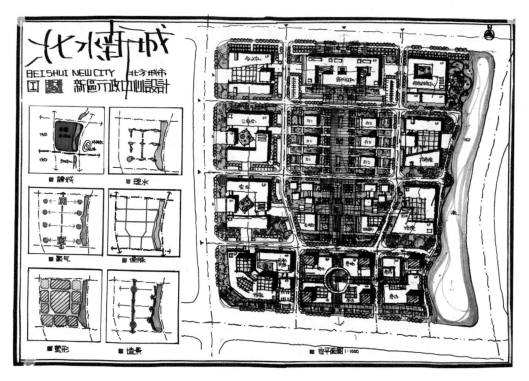

图 4-62　方案一

设计评析：方案表达清晰大气，设计概念成熟新颖，整体表现出较强的方案设计能力与手绘基本功；以"读城、理水、聚气、通脉、塑形、造景"为设计理念，解读基地并进行设计构思；靠近城市主要生活性道路布置商业及办公设施，打造现代商业办公区，依托南北中轴线打造步行景观轴，在中轴线两侧布置主要行政办公设施，同时考虑将东侧水系引入地块内部形成新城水网；采用方格网型道路网，提高地块交通可达性及便捷性。

不足之处：部分行政办公设施体量稍大；可适当考虑增加滨水空间，形成滨河绿带，提供良好的休闲游憩空间。

4.6.2　方案二（图4-63）

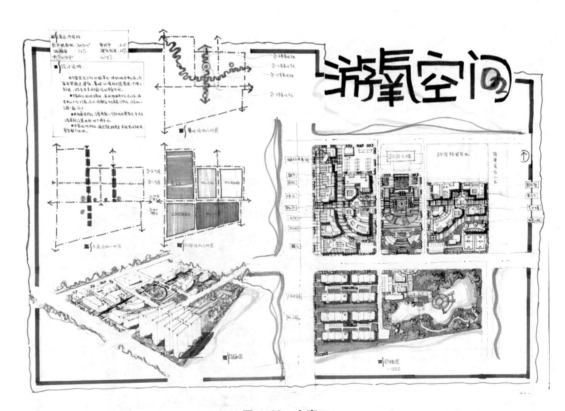

图4-63　方案二

设计评析：总体布局美观大方、方案表达较为成熟；空间布局较为新颖，主要表现在商业办公空间流线表达上；基本要素表达较为规范。

不足之处：居住组团及配套设施布局有待斟酌；政府前广场宜开阔大气，以硬质广场空间为主，软质景观为辅；广场与公园的入口标识性不足，公园规划设计有待进一步深化。

第5章　产业园区规划快题设计

本章讲述园区类规划类型之一的产业园区规划设计的相关概念、快题设计类型以及规划理念和设计原则。重点介绍产业园区规划快题设计思维方法，并结合实际任务进行方案详解。

5.1 概述

5.1.1 产业园区

产业园区是指由政府或企业为实现产业发展目标而创立的特殊区位环境。一般是由政府集中统一规划指定区域，区域内专门设置某类特定行业、形态的企业或公司等，以便进行统一规划管理。产业园区规划是园区类规划快题设计类型中的一种，也是近些年常考类型之一。

联合国环境规划署（UNEP）认为，产业园区是在一大片的土地上聚集若干个企业的区域。它具有如下特征：开发较大面积的土地；大面积的土地上有多个建筑物、工厂以及各种公共设施和娱乐设施；对常驻公司、土地利用率和建筑物类型实施限制；详细的区域规划对园区环境规定了执行标准和限制条件；为履行合同与协议、控制与适宜公司进入园区、制定园区长期发展政策与计划等提供必要的管理条件。我国的产业园区发展大体上经历了四个发展阶段，在产业状态、建筑形态、服务特点三个维度上都有各自的特点（图 5-1）。

图 5-1　产业园区的四个发展阶段

（引自闫立忠．产业园区／产业地产规划、招商、运营实战 [M]．北京：中华工商联合出版社）

产业园区有不同类型的划分方式，按照发展模式划分，产业园区包括特色产业园区和产业开发区两类。特色产业园区是专门为从事某种产业的企业而设计的园区，园区的产业定位明确。这种园区一般是在区域特色工业也就是地方企业集群发展到一定阶段后出现的。另一类是产业开发区，这种产业园区往往是政府或企业在没有切实产业基础的地区征用土地，完善基础设施，然后再根据相关成熟模式来运营而形成园区，加上优惠政策招商引资，吸引企业进驻，也就是所谓的"筑巢引凤"，是一种先建园区后引产业的发展模式。

按照产业类型划分，产业园区包括以高科技研发为主的科技园区（如软件园、高新技术园等），以农业生产为主的生态农业园区，以物品集散、交易、转运为一体的物流园区（如港口园区、贸易园区等），以文化创意产品生产为主的创意产业园区，以某一特定产业为主的总部基地等。其中，科技园区、总部基地以及创意产业园区是城市规划快题设计的常考内容。

产业园区是产业集群①的重要载体和组成部分，可以产生明显的外部规模经济，加强关联产业的发展，是当前发展产业集群的需要，更是加快新型工业化进程的必然选择。

5.1.2　快题设计类型

1. 科技园区

科技园区是指集聚高新技术企业的产业园区。一般临近智力密集区，以新技术的开发和新产业的开拓为目的，是促进产、学、研相结合，集教育、科研、娱乐于一体，并最终推动经济社会与科学技术协调发展的创新地域综合体。其中以美国的硅谷、128 公路，英国的剑桥科技园，日本的筑波城（图 5-2），印度的班加罗尔科技园（图 5-3），中国台湾的新竹、深圳的软件科技园（图 5-4）、北京的中关村、上海的张江科技园尤为著名。科技园区是一个自扩张机制、自繁殖机制、自适应机制和自稳定机制的自组织系统[7]。世界各国对科技园区的类型有不同的划分，根据日本科学技术厅科学技术研究政策研究所的研究，将科技园区按区位划分，有创新中心、科学园区、研究开发园区等（表 5-1）。

不同类型的科技园区　　　　　　　　　　　　　　　　　　　　表 5-1

类型	区位	特点
创新中心	城市内部	与邻近的教育设施等协作，推动科技产业化，具有孵化和研究交流之功能，但不提供企业扩大活动的场所，不再从外部吸收研究机构
科学园区	城市郊区	多与大学等高等教育和研究机构协作，推进科研成果企业化，以聚集民间研究机构、大学和公立研究机构等研究设施和机构
研发开发园区	大都市周边	为特定目的而设立的研究园区，设有孵化器，重视交通状况、居住条件、生活环境、自然环境等城市功能

一般科技园区的土地利用类型较为复杂，众多区域为工业用地（使用权 50 年），部分区域为混合用地性质（包含公寓、写字楼、教育用地等）。在科技园区规划快题设计中，常涉及的功能设施主要有孵化器（或服务中心）设施、研发设施、生产设施、贸易与管理服务设施、生活配套服务设施以及居住设施。孵化器（或创业园）设

施包括孵化大楼或创新大厦，一般是科技园中的标志性建筑；研发设施包括研发办公楼、会议中心、实验楼等；生产设施包括生产车间、辅助车间、动力用房、仓储建筑等；贸易与管理服务设施包括金融机构、物业服务公司、公共信息平台、会展中心等；生活配套设施包括室外活动场地、商业休闲场所、文化活动中心、餐饮设施等；居住设施包括低层别墅、多层住宅、高层住宅、公寓等。

图 5-2　日本筑波城科学城

图 5-3　印度班加罗尔科技园

图 5-4　深圳市软件科技产业园

2. 总部基地

总部基地是以智能化、低密度、生态型的总部楼群，形成集办公、科研、中试、产业于一体的企业总部聚集基地。客观上，总部基地是总部经济[②]理论的一种实践，体现合作、服务、（资源整合下体现）低成本等特点，随着不断的实践，主要表现为中央商务区、企业总部花园（图5-5）两种形式，其中，总部花园又可理解为商务花园，是未来企业总部选址的潮流和企业成长的形象特征标志。总部基地一般有如下几个特征：（1）总部基地是商务花园和总部经济的结合体。它克服了 CBD 建筑密度大、绿化面积少、交通拥挤、过分重视商务功能的弊病，具有低密度、低容积率、高绿化率、花园办公、生态生活、独栋出售、软件平台与硬件设施并重等特点；（2）总部基地通常位于政府统一规划的工业集中发展区，可以享受政府关于区域发展的各种优惠政策，包括拿地、税收等各种优惠政策；（3）总部基地让企业拥有自由冠名权，使企业总部楼具有强烈的标识性和浓郁的企业个性风格；（4）总部基地除具有环境优美、各种配套完善、功能齐全的物质条件外，通常还蕴涵着一定的总部文化，这是其与甲级写字楼不同的地方。

图 5-5　张江亚兰德商务研发总部基地

在总部基地规划快题设计中，总部基地常涉及的功能设施主要有研发设施、教育培训设施、金融商务设施、居住生活配套设施等。研发设施包括办公研发中心、总部办公楼等；教育培训设施包括研修培训中心、人才市场等；金融商务设施包括金融机构、会展中心、会议中心等；居住生活配套设施包括职工公寓、住宅、室外活动场地、餐厅、酒吧、文化活动中心等。

3. 创意产业园区

创意产业园区也叫文化创意产业园区，是指在特定的地理区域环境里面，将城市的文化以及娱乐消费以一种聚集的方式融合在一起，使文化生产与消费充分结合，能提供多种实用功能，如居住、办公、娱乐、休闲等，使园区具有较强的吸引力，能提供更多的就业机会，让文化与艺术以及经济融合为一体。创意产业园区的基本构成要素是技术、人才和艺术，以密集的创造性智力劳动为主，集中体现研发、培训、孵化、制作、展示、交易等功能，因此，其所涉及的产业类型不同于传统产业。我国创意产业园区的产业类别可分为影视文化、电信软件、工艺时尚、设计服务、展演出版、咨询策划、休闲娱乐和科研教育八大类。针对不同城市和不同片区，结合现有资源和发展方向，应有各自明确的产业定位，在具体的产业类型上也应各有侧重，而不是一哄而上，导致产业结构的雷同和园区间的同质恶性竞争。

文化创意产业园区按照其环境性质划分，有以艺术创作为主题的文创产业园，如北京 798 艺术区（图 5-6）；以艺术产业为主题的文创产业园，如深圳大芬村；以艺术科技为主题的文创产业园，如上海张江文化科技创意基地（图 5-7）；以休闲娱乐为主题的文创产业园，如上海新天地；以设计企业为主的文创产业园，如上海 8 号桥创意园。

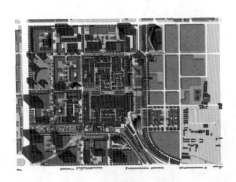 

图 5-6　北京 798 艺术区　　　　　图 5-7　上海张江文化科技创意基地

在文化创意产业园区规划快题设计中，常涉及的功能设施有创意生产设施、商业设施、文化观览设施、居住与配套服务设施等。创意生产设施包括创意大楼、艺术家工作室等；商业设施包括文化商业街、酒店、咖啡吧、茶室、会所等；文化观览设施包括会展中心或演艺中心、展览馆、博物馆、小剧场等；居住与配套设施包括青年公寓、餐厅、室外活动场地等。

4. 生态农业园区

生态农业园区是指在生态上能够自我维持，低输入，在经济上有生命力，在环境、伦理和审美上可接受的新型农业产业园区（图 5-8）。它与传统的农业园区的建设理念不同，它结合传统农业与旅游业，以农村生活文化和农业文化为核心进行规划设计，满足人们精神和物质需求，是一种可赏、可尝、可娱、可劳的农业，是可以让旅游者充分体验的新型现代农业。实际上，生态农业源于生态学思想对农业生产的指导，要求人们充分利用当地的自然资源，利用动物、植物、微生物之间的相互依存关系，也利用现代科学技术，实行无废物生产和无污染生产，提供尽可能多的清洁产品，满足人民生产、生活需要，推动乡镇规模经济的发展，同时创造一个优美的生态环境。

在生态农业园区规划快题设计中，生态农业园区因其特殊性（如存在较多农业科研、中试的实验田区而更像景观规划设计等）而不常作为快题设计考查形式。生态农业园区常涉及的功能设施主要有研发培训设施、生产实验设施、产业示范设施以及生活服务设施等。研发培训设施包括研发办公楼、技术培训中心等；生产实验设施包括

图 5-8　安吉浙大生态农业园

实验田、农作物栽培和展示基地、养殖基地等；产业示范设施包括产业化工厂、展示馆等；生活服务设施包括住宅、行政管理机构、金融贸易中心、会议中心等。

5. 物流园区

物流园区一般是指物流（配送）企业在空间上集中布局的场所，是具有一定规模和综合服务功能的物流集结点。物流园区与工业园区、科技园区等概念一样，是具有产业一致性或相关性，且集中建设的物流用地空间。物流园区是物流中心的空间载体，它不是物流的管理和经营实体，而是数个物流管理和经营企业的集中地。

物流园区按物流服务地域，可分成国际性物流园区、全国性物流园区、区域性物流园区以及城市物流园区。按服务对象，可分成为生产企业服务的物流园区、为商业零售业服务的物园区、面向社会的社会型物流园区。按主要功能，可分成为港区服务的物流园区——港口物流园区（图 5-9）、为陆路口岸服务的物流园区——陆路口岸物流园区、为区域物流服务的物流园区——综合物流园区。

图 5-9　荷兰鹿特丹港口物流园区

在物流园区规划快题设计中，常涉及的功能设施主要有仓储设施、转运设施、物流配送设施、行政管理设施、交易展示设施以及综合配套设施等。仓储设施包括堆场、特殊商品仓库、配送仓库、普通仓库等；转运设施包括停车场、管理用房等；物流配送设施包括配送中心等；行政管理设施包括行政办公大楼等；交易展示设施包括产品展览中心、交易中心等；综合配套设施包括停车场、加油加气站、商店、餐厅等。

5.2 理念与原则

5.2.1 规划理念

1. 循环经济理念

循环经济是人类对经济发展方式反思的结果，是物质闭环流动型经济的简称，以"3R"为原则，指导社会、区域、企业三个层面的生产建设。目标是实现资源利用的最大化及废弃物排放的最小化，特征是物质的闭路循环和能量的梯级利用（图 5-10）。循环经济的"3R"原则，即"减量化"（Reduce）、"再使用"（Reuse）和"再循环"（Recycle）。减量化原则控制的是输入端，是从源头上控制资源和能源的消耗。再使用原则控制的是生产和消费过程，通过延长产品和服务的使用强度来提高使用效率。再循环原则控制的是输出端，将废弃物资源化，重新进入生产环节。

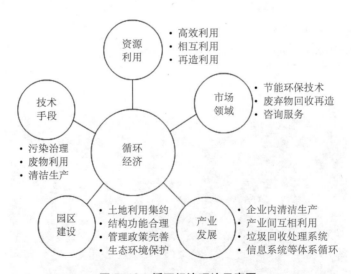

图 5-10　循环经济理论示意图

我国循环经济的发展要注重从不同层面协调发展，即小循环、中循环、大循环加上静脉产业[③]。小循环——在企业层面，选择典型企业和大型企业，根据生态效率理念，通过产品生态设计、清洁生产等措施进行单个企业的生态工业试点，减少产品和服务中物料和能源的使用量，实现污染物排放的最小化。中循环——在区域层面，按照工业生态学原理，通过企业间的物质集成、能量集成和信息集成，在企业间形成共生关系，建立工业生态园区。大循环——在社会层面，重点进行循环型城市和省区的建立，最终建成循环经济型社会。

2. 互动理念

互动理念是一种社会学的理论，即不同的主体间通过交互作用而产生良性的相互影响，从而促进共同发展。社会学的互动理论认为，合理的互动将造就合理的社会组织和社会结构，而合理的社会组织和社会结构又是合理互动的基础，二者形成互相促进的有机统一整体。产业园区作为这样一种系统，内部各部分以及系统本身与外界环境间存在着十分复杂的交互影响。在城市规划中，要使产业园区产生高效良性的互动，要求城市各区域间有机协调，各区域内部资源要素统一整合，从而使内外各部分达到一种高效良性的互动关系。

在与周边区域的互动方面，要求加强合作，优势互补，确定各产业布局和发展时序；加强联系，优化交通，形成高效的互动网络；依托资源，彰显特色，促进产城景观相融共生。在内部资源互动方面，簇状圈层拓展，倡导混合土地利用；塑造宜人环境，鼓励步行与非机动交通出行；丰富服务业态，满足不同使用者需求（图 5-11）。

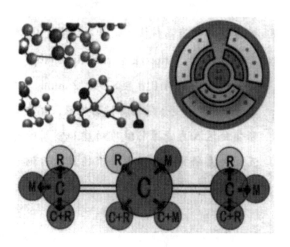

图 5-11　互动理论模式示意图
（引自石新国 . 社会互动的理论与实证研究评析 [D]. 济南：山东大学，2013）

3. 弹性理念

弹性理念是指由于产业园区发展建设受市场影响较大，发展具有一定的模糊性，产业的配置需要多样化的选择以及规划建设务必考虑其灵活性、弹性和可实施性。而在产业园区规划时，可以设定弹性的规划期限，适应不同发展阶段；采取弹性的规划结构（图 5-12）——如"1+X"模式，一个确定的主中心加若干不确定的次中心（或"白色地段④"），保证用地单元的可组合性、发展路径的明晰性以及发展规模的适应性；规划弹性的道路网络——规划依据道路的交通重要性、可变更程度及建设时序将园区道路网络分等级，形成不同的用地规模，适应不同企业的用地需求；探索弹性的土地利用模式——引入"白色地段"概念，提高土地利用二维或三维复合化程度。产业园区多为新建设地区，受限制条件少，用地功能相对单一，空间均质化。

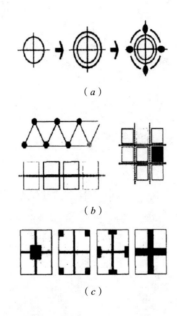

图 5-12　弹性与非弹性空间结构比较分析

（a）非弹性结构的断裂示意；（b）弹性结构模式示意；（c）弹性结构单元示意

（引自汪劲柏 . 发展前景不明确条件下的弹性空间结构：以浙西某县工业园区为例 [C]// 中国城市规划年会会议论文集，2006.）

4. 生态设计理念

　　生态设计理念在产业园区规划设计中，主要是运用景观生态学原理建立生态功能良好的景观格局，可促进资源的高效利用与循环再生，减少废物的排放，增强景观的生态服务功能，注重以人为本，尊重自然，崇尚美学，提倡生态。

　　在空间布局上，注重生态廊道、绿色景观节点、生态岛的设计；合理进行建筑布局，适当形成通风口，在地块内形成有效通风，改善内部热环境；各功能区动静结合，避免噪声污染。在功能结构上，优化用地结构，加强绿化建设；保护生物多样性，设置不同类型的公共绿地、广场等。在交通规划上，实行人车分流，提倡绿色交通，建立步行景观系统；路网布局顺应当地的主导风向，在地块内形成有效通风；增加道路绿化覆盖率，形成景观步行绿道。在景观营造上，应有较高的绿地指标，如绿地覆盖率、人均公共绿地面积等，还应布局合理，点线面有机结合，有较高的生物多样性，组成完善的复层绿地系统；应屋顶绿化等形式，增加绿化面积。在水资源系统构建上，完善生活用水供给、污水处理、雨水收集、景观水使用等；节约用水，加强水的循环使用。在建筑空间环境设计上，除了具有传统的规划设计所具有的全部美学、功能等特性外，强调单体建筑采用自然通风、采光的设计策略，考虑主导风向与建筑布局的形式；引入水系或者公共绿地，形成局部小气候，改善热环境。在能源利用上，在不同的应用领域和层次上采用风能、生物能和太阳能。在垃圾处理上，生活垃圾采取分类收集。

5.2.2　设计原则

1. 与自然和谐共存原则

产业园区应与区域自然生态系统相结合，保持尽可能多的生态功能。对于现有产业园区，按照可持续发展的要求进行产业结构的调整和传统产业的技术改造，大幅度提高资源利用效率，减少污染物产生和对环境的压力。新建园区的选址应充分考虑当地的生态环境容量，调整列入生态敏感区的工业企业，最大限度地降低园区对局地景观和水文背景、区域生态系统以及对全球环境造成的影响。

2. 生态效率原则

在产业园区布局、基础设施建造、建筑物构造和工业生产过程中，应全面实施清洁生产。通过产业园区各企业和企业生产单元的清洁生产，尽可能降低本企业的资源消耗和废物产生；通过各企业或单元间的副产品交换，降低园区总的物耗、水耗和能耗；通过物料替代、工艺革新，减少有毒、有害物质的使用和排放；在建筑材料、能源使用、产品和服务中，鼓励利用可再生资源和可重复利用资源。贯彻"减量第一"的最基本的要求，使园区各单元尽可能降低资源消耗和废物产生。

3. 区域发展原则

尽可能将产业园区与社区发展和地方特色经济相结合，将产业园区建设与区域生态环境综合整治相结合。要通过培训和教育计划、园区开发、住房建设、社区建设等，加强园区与社区间的联系。要将产业园区规划纳入当地的社会经济发展规划，并与区域环境保护规划方案相协调。

4. 高科技、高效益原则

大力采用现代化生物技术、生态技术、节能技术、节水技术、再循环技术和信息技术，采纳国际上先进的生产过程管理和环境管理标准，要求经济效益和环境效益实现最佳平衡，实现"双赢"。

5.3 产业园设计方法论

5.3.1 空间布局形式

1. 空间结构

（1）集中式布局

集中式布局一般以中心为主导空间，形成层级围合聚集。在建筑群体聚落空间中，大型公共建筑（孵化大楼、创新创意大厦等）或开敞的景观往往作为核心聚落空间，环形道路围绕中心层级外扩，主从秩序明确。有时还会结合放射型道路，形成中心放射式布局，核心空间突出，交通便捷高效。一般在科技园区的综合服务区、总部基地中采取这种布局结构（图5-13）。

（2）组团式布局

组团式布局也称院落式布局，是由相似属性的元素形成的多个向心围合空间，以交织的道路作为分界线和联系要素，通过有规律的集中布置，形成产业园区的整体秩序。这种布局结构可以突出景观环境与组团布局的自然结合，使得每个组团都有开敞的中心庭院，既为园区办公人员之间的相互交流创造共享的核心场所，也为园区分期开发提供更大的可能性。对于一些规模较大并且不能一次性开发建设完成的产业园区进行规划设计时，这种布局结构具有很大的可操作性，是产业园区中常见的一种布局结构（图5-14）。

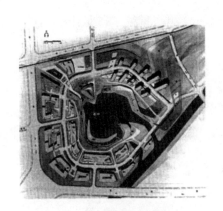

图5-13 国家软件出口基地总平面

图5-14 浦江智谷商务园总平面

（3）轴线串联式布局

轴线串联式布局是由线性空间为主导形成的空间序列，不同构成元素有秩序地排列在线性空间两侧的一种布局模式。这种布局是由于环境条件的限制，不同功能的建筑单体沿着主要道路、公共绿地或河流线性排列，为园区内从业人员创造更多的直接交流和接触的机会，也为企业之间的相互合作和共同发展创造更好的条件，一般适用于较小地块的中小企业产业园区（图5-15）。

（4）混合式布局

混合式布局是以上两种或两种以上布局形式的结合，通过组团空间与建筑单体的自由组合，在保持园区灵活性的同时，也创造出相互联系的景观院落。这种布局模式具有更大的综合性和自由度，一般不受开发规模大小的限制，既能适用于规模较大的产业园区（科技园区、大型企业总部基地等），也能在规模受限的园区（总部基地、创意产业园等）中展现巨大活力（图5-16）。

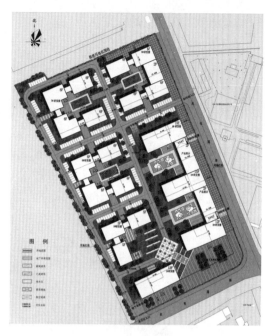

图 5-15　重庆山顶总部基地总平面

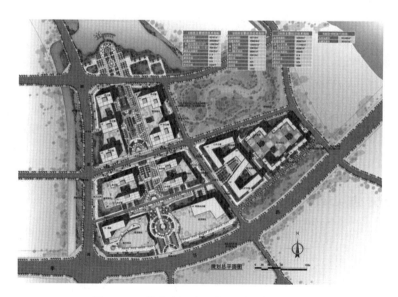

图 5-16　佛山市绿岛湖都市产业区总平面

2. 设计要点

（1）在产业园区规划设计的过程中，要注重周边区域经济、文化、环境的影响，协调好与所在城市之间的关系。

（2）产业园区规划要把握建筑群体设计要领，合理安排功能配置，符合美学形态特征，形成良好的秩序。

（3）科技园区中的重要组成部分——"孵化器"（或服务中心）一般在基地的核心位置，可设置在大学的周边或近邻（如清华科技园的创业孵化器），也可与贸易服务设施结合布置，是塑造园区形象的重要元素。

（4）研发设施一般在产业园区中占有一定的规模，宜布置于园区中比较安静、稳定的地块，以形成良好的、适于脑力工作的大环境；对于校园周边的园区，应该使研发设施尽量靠近校园内部，方便二者之间的互动与联系；作为产业园区中的重要功能设施，研发设施在建筑形态上应注重生态，环境优美，以低密度、低容积率、高绿化率的建筑群体，以及周围环绕优美的园林环境为特征。

（5）生产设施要根据不同种类生产的工艺流程在建筑中灵活分隔，如电子信息类、新材料类、新能源类和生物工程类的生产，它们的要求可能完全不同，在建筑设计中要重点考虑其结合的可行性；一些生产的工艺流程对用地和建筑有较高的要求，应避免与其他种类的建筑混杂。

（6）贸易服务设施是研发、生产与市场的沟通桥梁，用地的要求很灵活，既能与科研事业相结合，又能与生产活动相结合，但更适合成规模的集中建设，形成有相当影响力的科技贸易与科技信息中心；其用地也适于选择在园区与城市干道相交汇的外围部分，这样既可以形成较好的标志效果，也便于发挥社会效益。

（7）居住与生活配套服务设施一般根据园区的周围环境和规模而集中设置，在大城市中的产业园区，周围的城市娱乐与服务设施比较完善，可以依托城市的现有资源，服务设施比例可以小一些；在城市郊区的产业园区，周围一般是农田与村落，缺乏城市生活的气息，园区的用地一般比较大，自身配套服务设施一般比较齐全。居住设施是产业园区中为远离市区的员工提供的住房，应从区域整体考虑，用大环境来配套。

（8）产业园区应强调人文性，体现企业合作的聚集力量；注重建筑的多样化需求，并与环境密切结合，回归"园"的本义。

5.3.2 道路交通规划

1. 路网结构

产业园区内部道路交通的规划需要综合考虑用地的现状条件和自身的需求情况，基地形状以及地形地貌的不同，通过大量实例分析，主要有以下几种路网结构。

（1）带状分支形

带状分支形路网具有流线明确、较强的方向性等特点，一般适用于用地范围比较狭长的产业园区项目。建筑群体空间主要以一条主要道路为轴沿山脊或水系横向展开，并以相交的支路系统将建筑与景观串联成一个整体路网骨架。这种路网结构极具延展性，在保证园区序列性的同时，也为园区后期开发及项目扩建创造了极大的灵活性（图 5-17）。

图 5-17　带状分支形

（2）环状放射形

环状放射形的路网具有清晰的结构，既能在园区内部形成较为鲜明的中心景观，也能以内外环嵌套形式不断地向外发散，一般在产业园区综合服务区、总部基地等规划设计中适用较多。这种路网结构使建筑群体有序布置在环状道路的两侧，并通过内外环方式进行人车分流，同时，由内向外辐射的支路系统又使园区内外联系紧密（图5-18）。

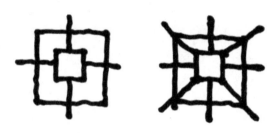

图 5-18　环形放射形

（3）方格网形

方格网形的路网不受用地规模大小的限制，具有较强的包容性，是产业园区规划设计中的常见路网结构。道路系统按照模数化的网格控制线进行布置，可以使园区内各功能区具有较好的可达性，但也会使园区整体变得单调而缺乏灵活性。因此，在采用方格网型路网结构时，应充分考虑网格之间的疏密变化，采用异型格网等处理手法使园区更具亲切感和开放性（图 5-19）。

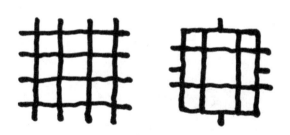

图 5-19　方格网形

（4）复合形

复合形的路网一般由以上两种或两种以上路网结构复合而成，具有较强的灵活性。这种结构可以使产业园区的形态变得更加自由，同时产生不同景观节点，使园区内部空间形态和视觉层次变得更加丰富（图5-20）。

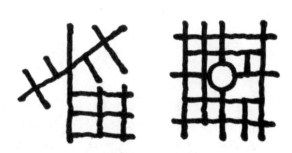

图 5-20　复合形

2. 道路详细规划设计

（1）产业园区应考虑城市公共交通的引入（如增设快速公交专线以及换乘设施）和与城市道路的对接联系，减少园区出入口对城市干道的压力，目前采用较多的方式是保证园区内部交通的独立，不借助城市道路，并通过在次干道上对园区入口的组织来形成与城市道路的对接。

（2）产业园区内部道路应功能明确，主次分明，结构清晰，便捷通畅。根据人流、车流的通行规律和流量，形成分级的道路系统。在具体的园区道路空间规划时，尽量使园区用地划分整齐，便于企业的布局，满足园区道路的特点，使园区的交通均衡、灵活，交通组织简单，从而提升整个交通系统的通行能力。

（3）在产业园区道路形态方面，道路宜采用直线和曲线两种线形，直线道路通达性好、目的性明确，使人视线集中，有良好的对景效果。曲线的道路线形饱满，形象美观，对车速也可以起到限制作用，对于地形的曲折起伏也能更好地适应。另外，还可以设置过街楼、人行天桥等"空中步行体系"，对人流进行合理的疏导，避免大量的人流交叉，也可以形成园区安全的交通空间和美好的的立体景观。

（4）在道路节点方面，一般分为车行的节点和步行的节点，车行节点也就是交叉口。车行节点和步行节点都应具有标志性的特点，雕像、喷泉等标识性强的建筑小品是标志性的最佳体现，它们本身具有醒目的特征，也容易使人们产生对地域的认知和熟悉。而人行节点是提供交往的场所，是动滞结合的空间，可以设置一些休闲空间、台阶等设施使人行节点充满人性化且丰富有趣。

（5）在停车方面，产业园区讲究经济性，基本采用单排式，个别采用双排式。多数停车场还需要视线遮蔽，来创造园区良好的景观效果，选择降低型停车场的形式；或者利用地形、高大树木等的种植来隔阻人们的视线。

5.3.3　单体建筑形态

产业园区中不同类型园区有不同的建筑群体空间，而不同的建筑群体空间又由不同功能的单体建筑组合而成。产业园区中常涉及的单体建筑包括孵化器（或服务中心）建筑、研发类建筑、生产类建筑、商业建筑、文教建筑、观览建筑、居住建筑等。

1. 孵化器（或服务中心）建筑

孵化器（或服务中心）是指通过实施指导性管理，提供综合性服务，为科技型小企业的起步和发展提供局部优化环境的中介实体。孵化器建筑一般是产业园区中的标志性建筑，有时会包含贸易服务和管理功能（图 5-21）。

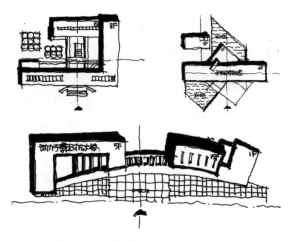

图 5-21　孵化器或综合服务办公楼

2. 研发类建筑

研发类建筑的形态类似于办公建筑，包括研发办公楼（图 5-22）、会议中心、实验楼等，具有高科技研究与产品开发功能，对附属服务设施的要求较高，如计算机房、图书情报中心、会议办公用房等，一般要求规划建设得紧凑方便。此外，还包括在创意产业园区中常见的创意工坊、独立工作室等建筑（图 5-23）。

3. 生产类建筑

生产类建筑主要包括生产车间（图 5-24）、辅助仓储车间（图 5-25）、动力用房（图 5-26）等，在用地较为紧张的产业园区一般所含生产内容很少，甚至没有。不同产业类型的产业园区中，由于生产工艺流程不同，生产类建筑的形态和体量也不同。机械制造类厂房，一般在 1 ~ 3 层，建筑尺寸有 18m×60m、30m×90m、45m×120m 等；

电子信息类厂房，一般在 3～9 层，建筑尺寸有 18m×60m、24m×54m、30m×90m 等；
生物医药类厂房，一般在 2～5 层，建筑尺寸有 15m×36m、24m×42m、30m×60m 等；
新材料类厂房，一般在 1～3 层，建筑尺寸有 18m×60m、30m×90m、45m×120m 等。

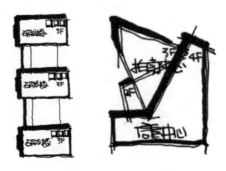

图 5-22　研发办公楼

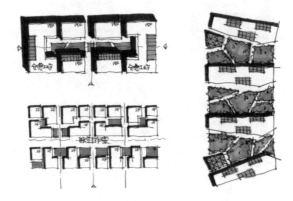

图 5-23　创意工坊和独立工作室

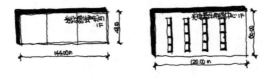

图 5-24　生产车间

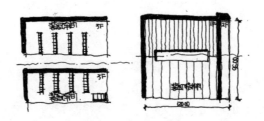

图 5-25　辅助仓储车间

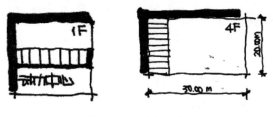

图 5-26　动力用房

5.4　设计任务一：文化创意产业园规划设计

5.4.1　项目概况

1. 基地现状

本规划用地位于我国华中地区某个国家历史文化名城，基地位于该城市著名的南山风景区的南首山脚下，并毗邻城市外环线，现为工业厂房用地，整体建筑风貌较差。为改善城市用地功能，现拟建文化创意产业园区一个，总用地面积为 5.2hm² （图 5-27 ）。

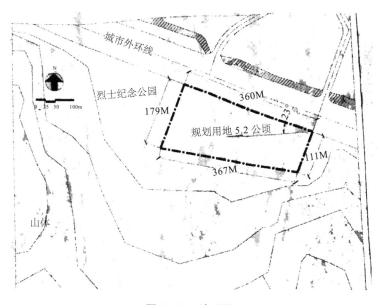

图 5-27　地形图

2. 设计要求

从城市设计的角度出发，使规划用地内的建筑与城市性质及自然环境特征有机融合，要求设计能够很好地结合地形特征与周边环境，合理地进行功能分区及建筑空间布置，组织有序的动态交通和静态交通。

3. 规划设计要求

（1）容积率控制在 0.6 ~ 1.0，绿地率不小于 30%。

（2）创意产业园内需要设置以下功能建筑：交流展示、艺术创作、小型剧场、SOHO 式办公等。

（3）根据具体建筑功能配套相关公共设施。

4. 成果要求

（1）规划总平面（1：1000）（80 分）。

（2）功能结构、交通、景观等相关分析图（30 分）。

（3）简要设计说明及主要经济技术指标（10 分）。

（4）鸟瞰图或局部透视（30 分）。

（5）成果表达形式不限，时间要求 3 小时。

5. 地形图参考（图 5-27）

5.4.2 任务解读

根据设计要求，可知此次任务是一项文化创意产业园设计，由于基地内现有工业厂房整体建筑风貌较差，故为改善城市用地功能，拟建一个文化创意产业园。规划设计中应充分运用生态设计的理念，综合考虑建筑与城市性质及周边环境的有机融合，合理地进行功能布局与详细设计。

设计要求容积率控制在 0.6 ~ 1.0，在 5.2hm^2 的用地上，需要布置约 3.1 万 ~ 5.2 万 m^2 的建筑面积，绿地率不小于 30%。由于并未要求配置功能建筑的详细建筑规模，因此在规划设计时不同功能的建筑面积可根据设计定位做相应调整，则建筑密度这一指标也具有一定的灵活性，而由于基地位于城市著名南山风景区的南首山脚下，因而建筑层数不宜过高，多数建筑可考虑为多层或低层，如艺术创作、小型剧场、形象展示或办公类建筑可考虑多层或小高层，建筑密度应控制在 25% 左右且不宜过高。

（1）总体定位——创意天地。

（2）设计思路——从"工业遗存"到"文化创意"。

（3）功能定位——1）创意产业孵化器。利用工业遗址打造创意孵化器，改善城市功能与整体风貌。2）创意文化展示区。将创意孵化区兼做文化展示区，打造南山风景区又一景观风貌。3）南首山下会客厅。将自然风貌与现代景观相融合，配套相关景区服务，打造南首山下城市文化休闲会客厅。

5.4.3　场地分析

1. 周边场地分析

（1）历史文化名城——基地位于华中地区某国家历史文化名城，则规划布局不应破坏其传统格局和历史风貌，至少基地内建筑不宜过高，可适当考虑采用传统建筑风格。

（2）烈士陵园——基地西侧靠近烈士陵园，在设计时应考虑一定的动静隔离，同时可考虑与基地内功能区有一定的空间联系。

（3）山水资源——基地位于南山风景区的南首山脚下，东北侧有一条城市河道，在规划设计时可考虑对山水资源的利用，如景观视廊的控制、山水景观的联系。

（4）道路——基地毗邻城市外环线，道路等级较高，在设计时应考虑基地出入口的个数限制以及出入口位置的选择。

2. 地块内部场地分析

地形地貌——任务书未对地形做详细说明，但从基地背山面水的情况可知，在设计时可考虑进行南部略高、北部略低的地形处理，进行竖向规划，为后期市政管线综合规划做好基础工作。此外，由于基地东西向较为狭长，因此可考虑进行南北向组织空间，平衡整体布局。

5.4.4　设计构思

1. 环境分析

由于用地规模较小，建立一条南北向功能主轴联系山体、水体即可，东西向可考虑建立一定的空间联系，串联不同功能区，如视线通廊等（图 5-28）。

2. 功能布局

（1）方案一——规划将交流展示和 SOHO 办公布置于主要轴线位置，作为创意产业园的形象窗口，其中，交流展示区包含园区的综合服务和管理功能；艺术创作划分为常规集中艺术创作和艺术家工作室，分别布置于东、西两侧；小型剧场因规模相对较小，可考虑布置于东南角 [图 5-29（a）]。

（2）方案二——与方案一的功能布局稍有不同，方案二将交流展示功能独立布置于主轴线两侧，集中展示创意文化产品以及组织商务洽谈；而将 SOHO 办公置于靠近山体的位置,同样包含园区综合服务和管理职能;其他功能布局基本不变 [图 5-29(b)]。

方案一与方案二在功能分区上略有不同，但在空间结构塑造上可以大体类似（图5-30）。

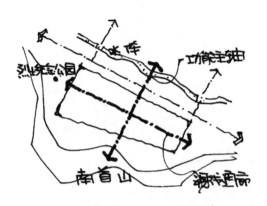

图 5-28 环境分析

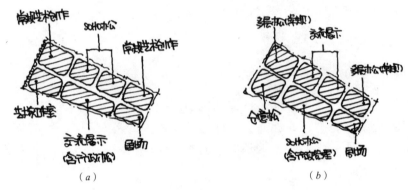

（a） （b）

图 5-29 功能分区

（a）方案一；（b）方案二

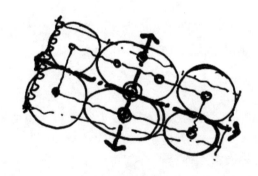

图 5-30 空间结构

3. 交通组织

（1）方案一——1）车行交通，采用人车分流模式，设置两个车行出入口，并按规范要求确定两个车行出入口的位置，该路网形式可以为沿街建筑通过建筑后退做步行空间提供了可能性，也体现出了产业园区的开放性和公共性；2）步行交通，除了打造主轴线的步行空间，还可利用沿街建筑后退形成公共步行区域 [图 5-31（a）]。

（2）方案二——1）车行交通，采用方格网形的路网，主入口为人车混行出入口，作为园区形象节点之一，西北角的次入口为车行出入口，可考虑作为创意产品的对外运输通道，并与北侧城市道路产生一定的对应关系；2）步行交通，除了没有沿街步行空间，其他步行系统与方案一类似 [图 5-31（b）]。

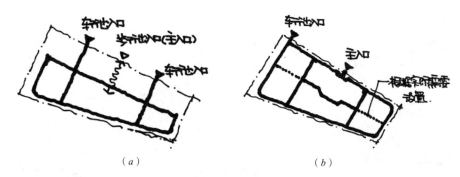

图 5-31　交通组织
（a）方案一；（b）方案二

4. 景观系统

两个方案的景观系统可以大体类似，可以是"主—次——般"三级结构，也可以是"主—次"两级结构。"主—次——般"三级结构，就是主要景观轴线联系核心节点与次级节点，核心节点是方案的核心景观区域，次级节点是园区入口区域或与山体水体景观联系的节点区域，一般节点是各功能组团的开敞空间。"主—次"两级结构，就是将园区入口区域、山水景观联系的节点区域以及各功能组团内的开敞空间统一划为次级景观节点而形成的两级结构关系，在中小地块的规划设计中，采用"主—次"两级结构即可（图 5-32）。

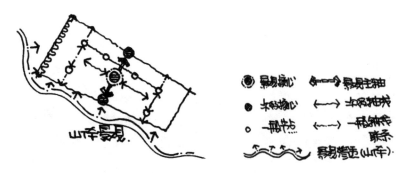

图 5-32　景观系统

5. 建筑布局

完成方案的总体结构之后，就可以进行建筑群体布局，在设计时，可以考虑采用不同形式、不同风格的建筑形态,创造特色鲜明、现代感与艺术性十足的创意新天地(图5-33)。

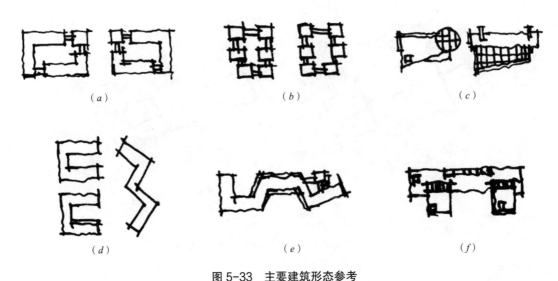

图 5-33　主要建筑形态参考

(*a*) 常规办公；(*b*) 文化展示（小体量）；(*c*) 小型剧场；(*d*) 创意办公；

(*e*) SOHO 办公 + 行政服务；(*f*) 高层 SOHO 办公

5.4.5　方案深化

1. 道路交通详细设计

由于园区整体建设规模相对较小，每个功能组团也就一到两栋建筑，因此在主要道路确定后，还应考虑道路与建筑空间的联系，如建筑的出入口设置等。此外，还应考虑园区静态交通，多层或低层建筑多以路边停车形式满足停车需求，高层建筑可考虑地下停车，如 SOHO 办公建筑。

2. 景观环境详细设计

标志性建筑前的中心景观节点通过广场界定，以硬质铺装为主，适当增加绿植、水体等景观要素；在入口节点上设置景观标识，如雕塑、喷泉等；建筑组团内部开敞空间以绿地为主，艺术家工作室区域可考虑设置人工水体，增加景观的艺术性与趣味性。

3. 建筑群体详细设计

不同功能的建筑群体空间应具有识别性，体现出其独特的空间特点，通过不同建筑组合形成不同开敞空间，保证一定的贴线率，使建筑空间布局更具趣味性，结构更加整体清晰（图 5-34、图 5-35）。

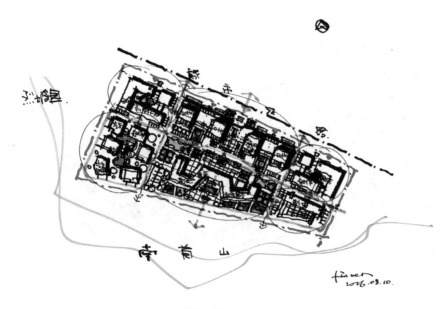

图 5-34　方案一

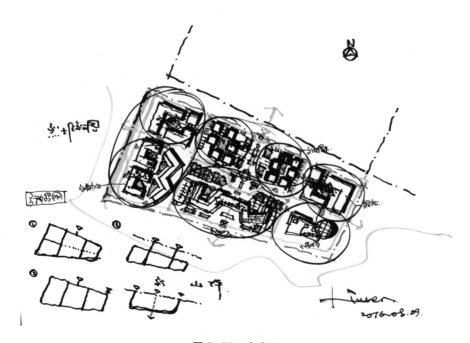

图 5-35　方案二

5.4.6 成果表达

1. 总平面图（图 5-36、图 5-37）

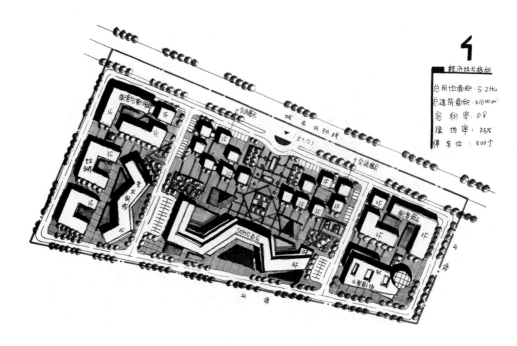

图 5-36 总平面图一

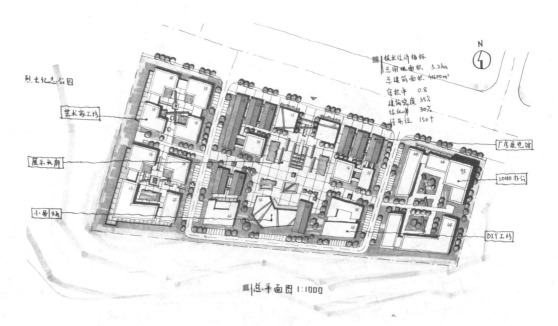

图 5-37 总平面图二

2. 规划分析图（图 5-38、图 5-39）

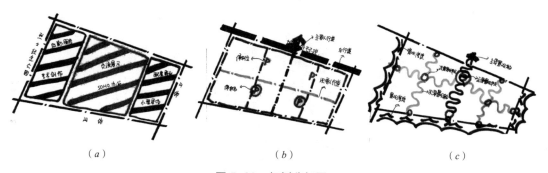

（a）　　　　　　　　　　　（b）　　　　　　　　　　　（c）

图 5-38 规划分析图一
（a）功能分区；（b）道路分析；（c）景观分析

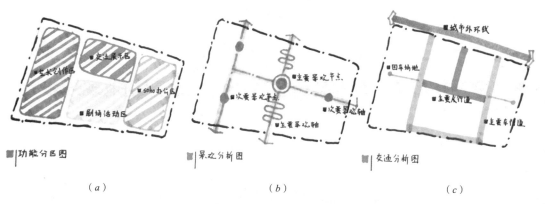

（a）　　　　　　　　　　　（b）　　　　　　　　　　　（c）

图 5-39 规划分析图二
（a）功能分区；（b）道路分析；（c）景观分析

3. 鸟瞰图（图 5-40、图 5-41）

图 5-40 鸟瞰图一

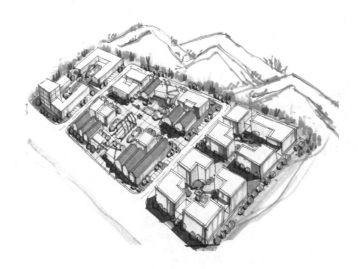

图 5-41　鸟瞰图二

5.5　设计任务二：南方某城市中小企业总部基地规划设计

5.5.1　项目概况

1. 场地条件

项目位于气候条件为夏热冬暖的南方某市高新技术产业园区内部，定位为花园式中小企业总部基地，拟吸引与项目所在园区主导产业相关联的上下游中小企业、创业型和研发型企业及律师事务所、会计师事务所等服务型企业入驻。基地总用地面积约 6.0833hm²，用地范围内地形条件基本平坦，无现状建筑。用地北邻园区主干道，路北为待建科研用地，用地西侧临即将建设的规划支路，路西侧为待建居住用地，用地东侧为待建科研用地，用地南侧临开阔湖面，岸线为自然岸线，用地边界与岸线之间为临湖城市绿地。

2. 规划设计内容及要求

（1）总用地面积：6.0833hm²。

（2）容积率约 1.5。

（3）总建筑面积约 9.1 万 m²（不含地下室面积），内容包括以下几个方面。

1）独栋办公楼：建筑面积约 7500m²，要求为低层建筑，平均每栋约为 500m²，一栋作为一个小型企业的总部办公用房。

2）多层办公楼：建筑面积约 1.8 万 m²，要求为多层建筑，内部建筑空间可根据使用要求分割作为各类中型企业的办公用房，栋数及每栋建筑面积可在满足合理性和经济性的基础上根据方案布局自定。

3）高层办公楼：建筑面积约 6 万 m²，要求为高度不超过 80m 的高层建筑，内部建筑空间可根据使用要求分割作为较大企业的总部办公用房，栋数及每栋建筑面积可在满足合理性和经济性的基础上根据方案布局自定。

4）商务服务中心：建筑面积约 3000m²，要求为低层建筑，主要满足园区各类企业进行产品发布、企业成就展示等商务活动的需要。

5）配套商业设施：建筑面积约 2500m²，可与商务服务中心结合布置，也可位于高层办公楼或多层办公楼的底层位置，主要满足园区各类企业的餐饮、零售、银行等配套商业服务的需要。

（4）建筑间距须考虑消防、卫生等方面的要求。

（5）停车位：按 1 个 /100m² 的要求设置停车位，其中地面停车位占总停车位的 10%，停车方式（集中或分散）不限，其余为地下集中停车位，要求表示出地面停车位和地下停车库的范围及出入口位置。

（6）建筑密度、绿地率等不做硬性规定，可根据方案综合考虑。

（7）用地范围东、北、西三面建筑退红线 10m，南面建筑退红线 15m。

3. 规划设计内容表达要求

（1）简要设计说明（500 字内，含主要技术经济指标）。

（2）总平面图 1∶1000（徒手或工具绘制，要求比例正确，并参照附图表示出 50m 方格网）。

（3）景观节点构思（不作特别规定，以反映方案特征为目的）。

（4）规划分析图（规划结构、道路系统、绿化景观、空间系统等）数量不限，以能说明方案构思为原则。

（5）图纸：A2 绘图纸，张数不限。

4. 地形图参考（图 5-42）

5.5.2　任务解读

根据设计要求，该项目旨在建设一处中小企业总部基地，为与该园区主导产业相关联的服务型企业提供多样的办公、展示等服务空间。

设计要求容积率约为 1.5，总用地约为 6.0833hm²，建设规模约为 9.1 万 m²，建筑密度与绿地率未做硬性要求，因而可根据方案设计综合考虑。

（1）总体定位——花园式总部基地。

（2）设计思路——从"园区"到"园林"（方案一）、复合·多元·共享（方案二）。

（3）设计重点——1）蓝绿交织，生态网络——园区南侧拥有良好的生态资源，规划应充分利用自然山水要素，摆脱传统园区呆板的行列式空间，以生态网络为基底，形成蓝绿交融编织的有机结构。2）功能复合，多元承载——打破园区组团内部传统的功能分区方式，加强用地混合使用，实现研、产、贸、居、服一体化的产业链条。最大化地发挥土地使用价值，打造人性化的生产、生活空间。

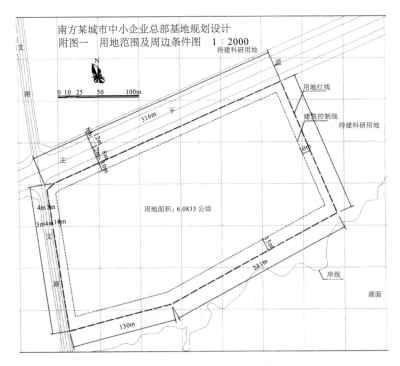

图 5-42　地形图

5.5.3　场地分析

1. 周边场地分析

（1）水体——用地南侧临开阔湖面，在设计时可考虑水体景观的引入或景观视廊的控制；同时由于岸线为自然岸线，用地边界与岸线之间为临湖城市绿地，因而还可考虑为保证方案的完整性，对自然岸线进行人工梳理或设计为临湖公园。

（2）道路——用地北邻园区主干道，在设计时可考虑在主干道一侧开设园区主入口，同时注重沿街建筑景观界面，展现总部基地形象；西侧临即将建设的规划支路，也可根据需要开设园区次入口。

（3）周边用地——主干路北侧与用地东侧为待建科研用地，规划支路西侧为待建居住用地，在设计时可考虑配套商业设施靠近居住布置，提高商业服务功能。

2. 地块内部场地分析

现状用地——用地范围内地形条件基本平坦，无现状建筑，对于功能布局和建筑群体空间设计具有较大弹性（图 5-43）。

5.5.4　设计构思

1. 环境分析

　　考虑建立基地与水体景观的空间联系，以及矩形地块的东西向联系，作为平衡总体布局的空间轴线，以使方案更加整体，更具章法（图 5-44）。

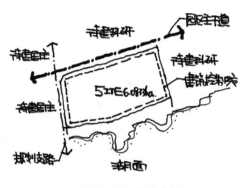

图 5-43　场地分析

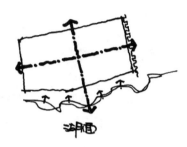

图 5-44　环境分析

2. 功能布局

　　（1）方案一——规划将配套商业设施结合高层办公布置于南北向轴线上，靠近园区主干道；多层办公布置于地块东北角；商务服务中心布置于地块西北角，作为街角公共标识；低层办公按照自然山水风格布置于地块南部，其中一栋总部办公用房布置于南北轴线上，整体打造成山水园林式办公空间。在空间结构塑造上，进一步确定南北向轴线为主要步行景观轴，东西向轴线为功能联系轴，同时确定各组团空间及组团联系 [图 5-45（a）、图 5-46（a）]。

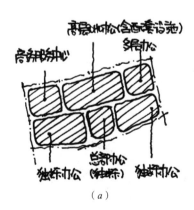

（a）

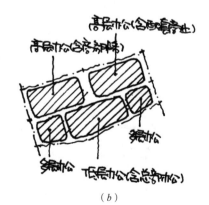

（b）

图 5-45　功能分区
（a）方案一；（b）方案二

（2）方案二——规划将高层办公、商务服务及配套商业设施结合布置，形成多样、复合功能区；多层办公布置于东南和西南两角，低层办公集中布置于地块中部以南。在空间结构塑造上，进一步明确东西向和南北向轴线功能，同时考虑利用组团之间的边界作为水体景观视线通廊，渗透入园区内部并与高层办公组团形成空间联系 [图 5-45（ b ）、图 5-46（ b ）]。

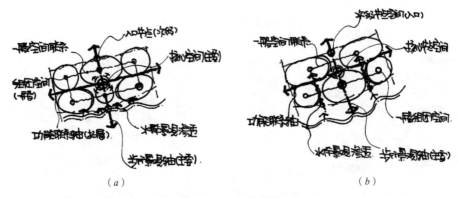

图 5-46　空间结构
（ a ）方案一；（ b ）方案二

3. 交通组织

（1）方案一——1）车行交通，采用人车分流模式，主入口为步行出入口，位于地块北部边界中点位置，车行道采用规则线形与自然曲折线形相结合的方式，体现园林式总部办公特色；2）步行交通，主要步行道为南北向步行景观轴线，同时利用北部建筑后退打造沿街公共步行区域 [图 5-47（ a ）]。

（2）方案二——1）车行交通，采用环状与格网形相结合的路网形式，主入口采用人车混行模式，次入口为车行出入口。步行交通，除南北向主要步行道之外，考虑结合南侧临湖绿地设计次要步行道 [图 5-47（ b ）]。

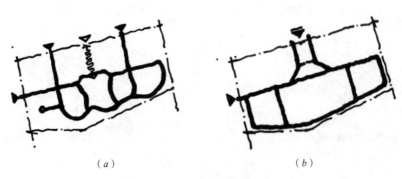

图 5-47　交通组织
（ a ）方案一；（ b ）方案二

4.景观系统

（1）方案一——通过南北向景观主轴串联核心景观节点与次级入口景观节点，组团空间内部形成一般景观节点，考虑南侧水体景观与公共绿地的利用，营造山水园林式办公环境 [图 5-48（ a ）]。

（2）方案二——除了利用南北向主要景观轴线串联核心景观节点与次级景观节点，还考虑通过次级景观轴线联系组团空间内一般景观节点 [图 5-48（ b ）]。

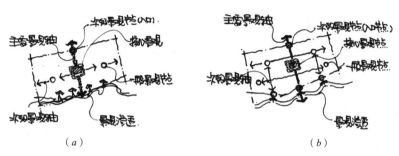

（ a ）　　　　　　　　　　　　　　　（ b ）

图 5-48　景观系统

（ a ）方案一；（ b ）方案二

5.建筑布局

不同建筑群体空间应考虑相互联系，同时应考虑空间形态的多样性与趣味性。将 SOHO 式高层办公有韵律地布置于地块北部，结合低层配套商业形成多元、共享的建筑空间；将独栋式低层办公以簇拥式布置于地块南侧，整体形成北高南低的空间形态，营造良好的三维景观界面和视线通廊（图 5-49）。

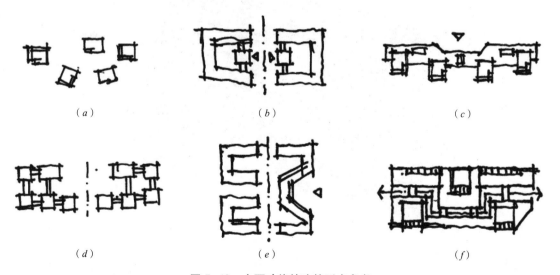

（ a ）　　　　　　　　　　　（ b ）　　　　　　　　　　　（ c ）

（ d ）　　　　　　　　　　　（ e ）　　　　　　　　　　　（ f ）

图 5-49　主要功能的建筑形态参考

（ a ）独栋低层办公；（ b ）常规多层办公；（ c ）高层 SOHO 办公 + 低层商业服务；（ d ）低层办公；（ e ）创意多层办公；

（ f ）高层复合式 SOHO 办公 + 商业商务

5.5.5 方案深化

1. 道路交通详细设计

园区整体建设规模相对较小，在主要道路确定后，还应考虑道路与建筑出入口的联系、静态交通设置等。

2. 景观环境详细设计

在入口节点上设置景观标识，如雕塑、喷泉等；重要功能建筑前的中心景观节点通过广场界定，以硬质铺装为主，适当增加绿植、水体等景观要素，增加景观的艺术性与趣味性。

3. 建筑群体详细设计

建筑群体空间布局应贯彻园区设计理念，体现园区特色，通过不同建筑组合形成不同开敞空间，保证一定的贴线率，使建筑空间布局更具趣味性，结构更加整体清晰（图5-50、图 5-51）。

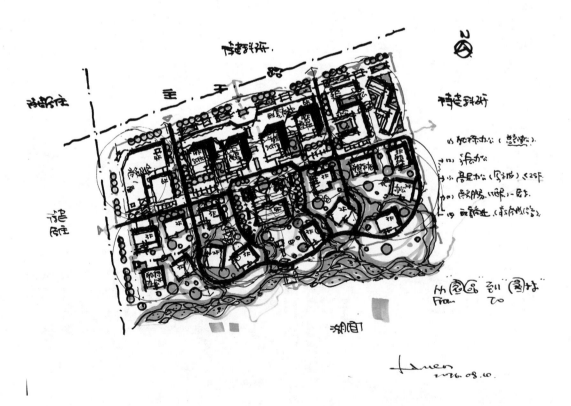

图 5-50 方案一

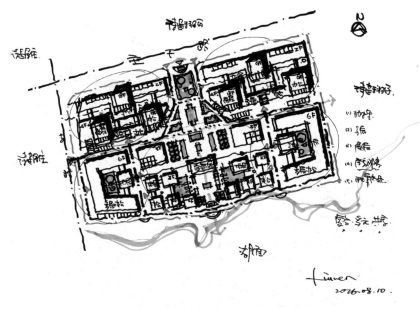

图 5-51　方案二

5.5.6　成果表达

1. 总平面图（图 5-52、图 5-53）

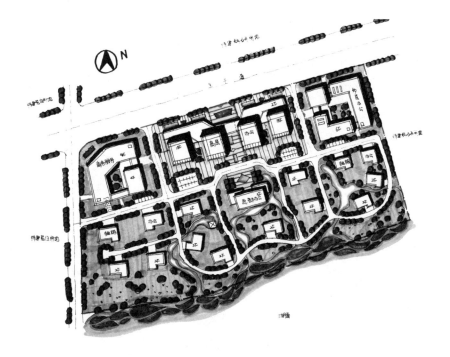

图 5-52　总平面图一

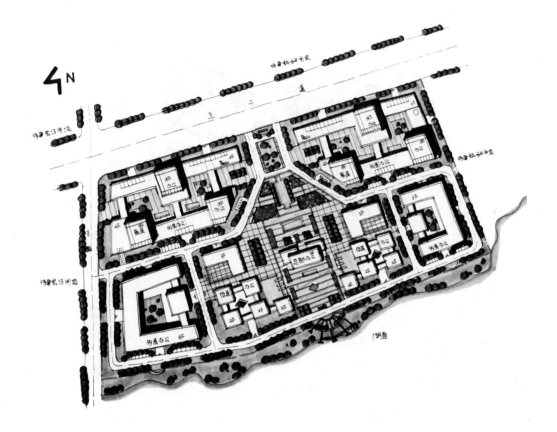

图 5-53　总平面图二

2. 规划分析图（图 5-54、图 5-55）

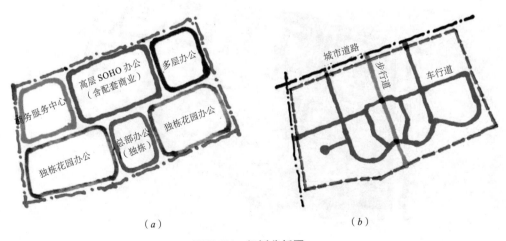

（a）　　　　　　　　　　（b）

图 5-54　规划分析图一

（a）功能分区；（b）道路分析

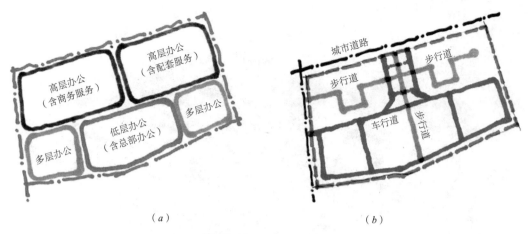

图 5-55 规划分析图二

(a)功能分区;(b)道路分析

3. 鸟瞰图(图 5-56、图 5-57)

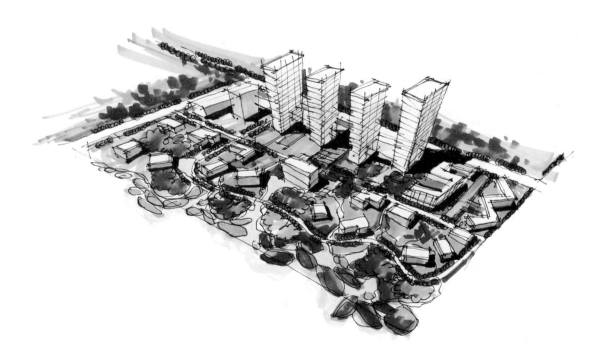

图 5-56 鸟瞰图一

图 5-57　鸟瞰图二

5.6　产业园区优秀作品

5.6.1　方案一（图 5-58）

　　设计评析：方案总体上表达标准、规范，设计概念相对成熟、新颖；功能布局较为合理，交通组织顺畅；现代建筑的"新"与传统建筑的"旧"相互结合，营造出有趣的创意文化展示交流空间；不同功能建筑群体的表达与设计概念融合较好。

　　不足之处：东侧艺术家工作坊与南侧 SOHO 办公空间的庭院交通组织表达不规范，建筑出入口设置考虑不周。

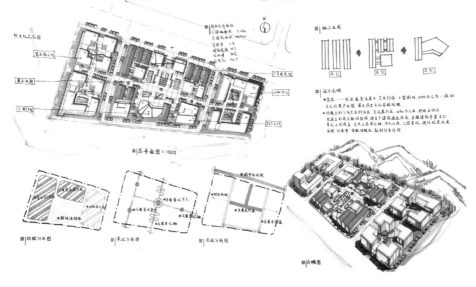

图 5-58　方案一

5.6.2　方案二（图 5-59）

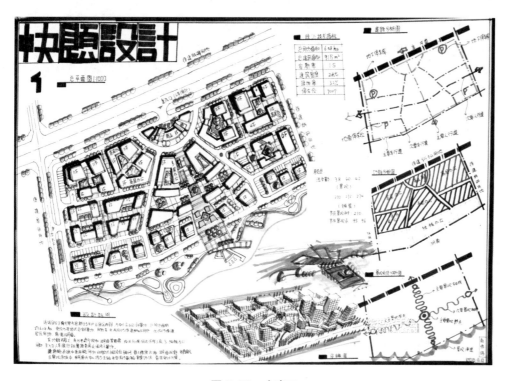

图 5-59　方案二

设计评析：方案表达美观大方，布局结构简单清晰；采用方格网形与放射形相结合的混合式路网提高了园区交通可达性与便捷性；通过步行景观轴将南侧水体引入地块内部形成良好的开敞空间布局。

不足之处：建筑群体空间较为单一，空间布局较为均质，多层与低层办公表达不明晰。

本章注释

① 产业集群：是用来定义在某一特定区域内，大量产业联系密切的企业以及相关支撑机构在空间上集聚并形成强劲持续竞争优势的现象，是产业发展的一种内在规律，它与经济开放的程度有密切联系，是市场配置资源，合理运用产业要素的客观要求。

② 总部经济：是一种城市经济，是城市经济利用自身优势而形成的一种形态，是既定资源基础上的经济形态；是一种合作经济，是中心城市与城市圈的区域分工合作的结果；也是一种高端经济，是城市经济和企业成长到一定阶段后才生成的经济形态。

③ 静脉产业又称第四产业，是指垃圾回收和再资源化利用的产业。其实质是运用循环经济理念，有机协调当今世界发展所遇到的两个共同难题——"垃圾过剩"和资源短缺，通过垃圾的再循环和资源化利用，最后使自然资源退居后备供应源的地位，自然生态系统真正进入良性循环的状态。

④ "白色地段"："弹性发展单元"，是由新加坡市区重建局于1995年提出并开始试行的概念，发展商可以根据土地开发需要，灵活决定经政府许可的土地使用性质、土地其他相关混合用途，以及各种类用途用地所占比例。只要开发建设符合经允许的建设要求就是许可的，发展商在"白色地段"租赁期间，可以按照招标合同要求，在任何时候根据需要自由改变混合各类用地的使用性质和比例，而无须缴纳土地溢价。

第6章　校园规划快题设计

本章讲述园区类规划的另一种规划类型——校园规划的相关概念、快题设计类型以及规划设计理念和原则。重点解构校园规划的快题设计思维方法，并结合实际任务进行方案详解。

6.1 概述

6.1.1 校园规划

校园是指大学、学院或学校校园中的各种景物及其建筑；凡是学校教学用地或生活用地的范围，均可称作校园。校园又分为幼儿园、小学校园、中等学校校园以及高等院校校园。

校园规划是一门科学，是介于城市规划与建筑设计之间的学科，是对一定时期内校园内的土地利用、空间布局以及各项建设的综合部署、具体安排和实施管理。相对城市规划、区域规划而言是较小的规划，但它具有规划的全部内涵；相对单体建筑设计而言，它是最广泛的单体建筑群的设计[8]。校园空间不是指个别的教学楼、研究室、实验室或图书馆，也不是单纯地指具有大面积树林的场地，而是指由校园的必要设施围合而成的开放空间作为基本单元而形成的校园空间，是容纳人们丰富的室外活动的场所。在校园规划快题设计中，主要以高等院校校园为例，讲述校园规划快题设计的思维与方法。

在校园规划中，我们往往采取功能分区的方法把校园空间分为教学办公区、生活区、文体活动区、后勤服务区等几个部分。其中，最为核心的三大功能区是教学办公区、生活区和文体活动区。教学办公区是校园中最必不可少的一个功能区域，是校园日常生活中师生最常去的场所，其主要包括教学设施和行政办公设施等，该区域的核心行为是上课、做实验以及行政办公。生活区是校园中生活气息较浓的一个功能区域，其主要包括居住设施、配套服务设施等，该区域的核心行为是日常起居、生活休闲。文体活动区是校园的重要组成部分，是课余时间在校师生以及晚上下班期间周边群众最乐意前往去休闲锻炼的场所，其主要包括体育设施、文化设施等，该区域的核心行为是锻炼身体、娱乐身心，进行素质教育等。随着时代背景的变迁和教育理念的改变，校园的空间构成要素会做出适当的重组和细分，如有些综合性大学校园的教学办公区可细分为行政办公区和教学区，生活区可细分为学生生活区和教职工生活区，文化活动区可细分为文化区和运动区等。此外，有些校园拥有丰富的自然资源和文化资源，如山体、水系、古树名木等，还会有独特的景观区。

6.1.2 快题设计类型

1. 中小学校园规划

中小学校，泛指对青、少年实施初等教育和中等教育的学校，包括完全小学、非完全小学、初级中学、高级中学、完全中学、九年制学校（图 6-1）等各种学校[①]。

小学校园规划因功能设施简单，在城市规划快题设计中，较少出现；中学校园规划一般也有教学、生活、运动等功能区，各功能的组织和空间的规划应注重集约化和复合化，同时保证校园空间的丰富性和有序性，通过研究各功能单元的内在联系，从而创造出高效复合的功能组合和紧凑集约的空间结构。城镇完全小学的服务半径宜为500m，城镇初级中学的服务半径宜为1000m。

在中小学校园规划快题设计中，常涉及的功能设施主要有教学设施、文体设施、居住及生活配套设施以及校园公共设施等。教学设施主要包括普通教学楼、实验楼、艺术楼等，有时行政办公设施会结合教学楼设置，有时也会独立设置；文体设施主要包括文化活动中心、体育馆、风雨操场、跑道、足球场、篮球场、排球场、羽毛球场、乒乓球台等；居住及生活配套设施主要包括学生宿舍、教职工宿舍、食堂、商店等；校园公共设施主要包括图书馆、信息楼等。

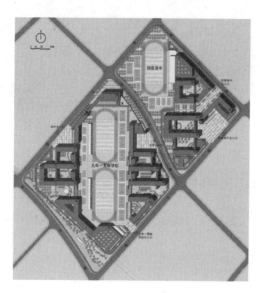

图6-1　洋河新城九年义务制学校及四星高中方案总平面图

2. 大学校园

大学校园规划是指对高等院校校园内的土地利用、空间布局以及各项建设进行综合部署和具体安排（图6-2）。相对于中小学校园规划，其包含的功能设施更多，规模更大，空间结构更为复杂。因而，要求大学校园规划更加注重空间布局的整体性和关联性，充分考虑不同学科之间的相互联系，便于专业之间的交流；注重建筑的灵活性和通用性，便于顺应发展需求而不断更新调整；注重交往空间的设计，统一布置庭院、廊道、交通节点等空间要素，丰富校园整体空间；注重建筑智能化设计，方便信息的传达和交流。

在大学校园规划快题设计中，常涉及的功能设施有行政办公设施、校园公共设施、教学及辅助教学设施、文体设施、居住及生活配套设施等。行政办公设施主要包括学校行政楼、学院办公楼等；校园公共设施包括国际交流中心、信息楼、图书馆等；教学及辅助教学设施主要有普通教学楼、实验楼、艺术楼等；文体设施主要包括大学生活动中心、文化馆、博物馆、风雨操场、跑道、足球场、篮球场、排球场、羽毛球场、乒乓球台等；居住及生活配套设施主要包括学生宿舍、教职工宿舍、食堂、超市、便利店等。

图 6-2 同济汽车学院规划方案总平面图

6.2 理念与原则

6.2.1 规划理念

1. 生态理念

绿色、生态是当今社会的主题，当代校园应向"生态校园""花园式校园"的方向发展。校园规划应顺应自然环境，有水体资源的校园，要充分利用现有水体美化校园景观，有山地资源的校园，规划布局要适应地形特点，进行有机地组合，建筑布局注意主导风向、采光度、通风性、建筑密度和交通流线的合理设计，做到"设计结合自然"。校园规划要考虑校园长远发展的需求，交通组织及功能分区考虑将来扩建的可延续性，努力使校园建设过程中始终保持统一的校园风貌。校园规划要充分发挥绿化和水体对环境的美化作用，不能因一味追求水乡风貌而"生搬硬造"。此外，校园规划也要注重立体绿化设计的推广，充分利用建筑物的屋面、建筑立面、窗台、散水面，以及室外周边环境进行绿化。对于校园来说，通过节约土地、建立生态区、进行立体绿化的手法将生态系统覆盖到整个校园，可以由生态系统复合形成步行景观系统，两者相辅相成，共同繁荣校园生活。

2. 弹性理念

校园空间（尤其是大学校园）作为重要的城市空间，具有时间与文化的因素，其随内外因素（社会人文、科学技术、办学模式、基地情况等）的变化而变化，规划者必须采取一种积极的、动态的规划指导思想，将目光着眼于规划的"生长过程"而非"最终形态"。弹性的校园规划应注重校园空间的整体性，统一部署，为远期定下可持续发展的明确脉络；应考虑到不同空间要素变化，使其在确定的结构和秩序下协调生长；应注重校园规划结构的自调性，建筑单体和群体具备典型化、标准化以及模数化特征，给未来发展提供灵活变动的可能性。弹性的校园规划并不是校园规划的目标，而是旨于创建一个良性的、可持续发展的空间体系，以适应多变的社会。

3. 集约理念

校园中不同学科的集群化和空间的集合化带来了空间的集聚，各功能空间的重组出现了多种功能交叉、并存的空间环境系统，空间组合表现出整合多样的特点。不同功能、不同形态、不同大小的空间集聚在一起，多元空间相互碰撞、融合，实现空间效益的最大化，并为将来校园的发展留出足够的余地。集约理念下的校园规划，是指在有限的土地资源上，通过综合组织功能进行复合空间的设计，形成紧凑、合理、高效、有序的校园空间，体现出学科的集群性、功能的集合性、空间的集聚性等。

4. 信息化理念

信息技术改变了城市，也改变了校园，改变着我国传统校园的运作方式。从交通方面讲，由于居住地、学习场所、体育活动场所和生活娱乐场所的分离，形成了大学内部的交通，随着网络技术的运用，很大程度上减少了学生对于图书馆的交通量，学生的活动主要集中在教室、宿舍、食堂和图书馆几个固定区域之间。交通量的减少和交通时间的匀质化，对不同功能建筑的距离、空间尺度的大小和位置关系带来重大影响。从学习方面讲，"多媒体教学"这种新的教育方式让学生可以自主学习，虚拟教室将会大量替代现在的教学楼，使大学更加像年轻人聚集的社区，教学建筑的规模将大大缩小。从居住方面讲，信息技术必把大学生的居住空间和学习空间这两个截然不同的空间之间的界限模糊化。"宿舍"的概念将延伸为一种综合的活动空间，成为集合居住、娱乐、学习、工作的一种综合体。日本的智能型大学有如下特点：（1）系统、全面地使用计算机。校园规划与建设中，包括大型计算机系统的建设和各种网络的规划。（2）校园建筑内，非常注意设置多种宽敞、舒适的交往空间。（3）创造优美高雅有文化的校园环境。（4）建筑物之间联系方便，是体现信息时代建筑的重要特征之一。

（5）个体建筑物结构系统及房间分割，通用化、模式化，以适应灵活变化的要求。（6）为适应多功能的需要，教室和研究室尺度均较大，可通用互换，多采用柱网较大的框架结构体系。（7）建筑设计力求十分周到，建筑艺术更具时代性、更富创造性。

6.2.2　设计原则

1. 动态开放原则

校园规划应从以往提出的"终极蓝图"向连续的、不断变化的、并不存在最终理想的方向发展。社会、经济、科学技术以及规划理论的不断发展，加快了校园组织结构、学科设置、空间设施的更新速度。学科的交叉重组以及学科发展的不确定性对校园规划有一定的弹性要求。规划应分期实施，定下远期发展脉络，同时考虑校园不同分区的平衡发展，留有一定的预备用地。校园建筑单体和建筑群体空间设计应可以随外来需要而灵活变动，采用空间典型化、空间组合标准化、结构和构造模数化的思路。

2. 绿色生态原则

校园规划设计应充分结合自然并利用自然条件，保护和构建校园生态系统，创造生态化、园林化的校园环境。通过与自然的结合，在满足人类自身需要的基础上，同时满足其他生物及其环境的需求，使整个生态系统良性循环。其中，地域气候和地形条件是规划设计时必须紧密结合、深入考虑的两大环境要素。"绿色生态"的校园必须尊重基地环境，最大限度地减少对自然环境的破坏，减少对自然界不可再生资源的使用，减少能源消耗。

3. 人文多元原则

校园环境对人有潜移默化的教育和熏陶作用，这种环境主要是指校园的文化格调和文化氛围。校园中的建筑空间和形态往往是这个校园的标识，也是校园主体之间相互认同的重要依据，是形成校园肌理的重要内容，更是决定校园风貌、特色的关键所在。在校园规划中，应重视人文环境的营造，挖掘地域特色，保护校园历史环境，注重新旧建筑的协调，创造多元化的交往空间。

4. 资源社会化原则

校园发展应站在社会发展的角度上，利用社会资源，积极寻求同社会力量共同创办校园的途径，提高教育投资效率。随着校园的发展，越来越多的教育、文体娱乐资源集中在校园内部，校园空间与城市空间应相互依存，校园空间形态应社会化、开放化，在不干扰校内正常教学秩序的前提下，向社会开放体育设施、文化和科技服务，此外，还包括资源共享、联合管理、产业转化等。

6.3　校园设计方法论

6.3.1　空间布局形式

1. 空间结构

（1）线性布局

线性布局是指校园空间沿着特定的线性元素扩展而形成的空间结构，常见的线性元素有绿带、水体、广场、干道和廊道等，从空间意义上讲，可以是公共开放空间，也可以是校园交通干线。线性布局具有良好的宏观控制能力和扩展能力，有利于形成完整的景观环境，恰当运用轴线转折可使线性布局具有良好的地形适应性，在校园规划中被广泛采用。线性布局因校园规模以及地形条件的不同，可以细分为以下几种布局形式：一般轴线式、轴线对称式、鱼骨式等。

1）一般轴线式（图6-3）

一般轴线式是指校园内各功能建筑围合成线性发展的公共活动空间，并作为联系校园各个功能区的纽带和校园师生交流的主要场所。这种布局形式常适用于用地较紧张的校园规划中（图6-4）。

图6-3　一般轴线式

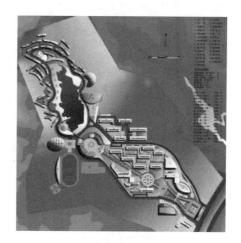

图6-4　某校园规划总平面

2）轴线对称式（图6-5）

轴线对称式是指通过轴线来组织校园空间，在轴线上，通过空间的对比和变化、重复和再现、渗透与层次、引导与暗示，并借助一定的衔接和过渡，形成有节奏的空间序列。这一空间组合的经典手法，在校园规划中被广泛应用。这种布局形式采用一种严格对称的轴线,易于控制环境的整体感,形成严肃的学术气氛,但这在现代大学设计观念来看,似乎庄严有余而活泼不足(图6-6)。

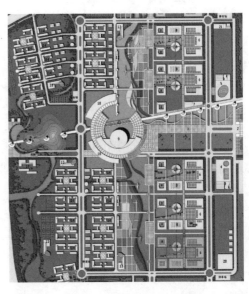

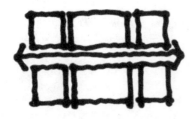

图6-5　轴线对称式　　　　图6-6　某大学新校园(基础部)概念规划方案

3)鱼骨式(图6-7)

鱼骨式是指由独立的线性元素将几个并列的子元素联结成为一个整体,线性元素可以是公共交通联系空间、公共交往空间等,因为这种线型空间结构类似于鱼类骨骼,所以有的专著将其形象地称为"鱼骨式"布局。这种布局结构清晰、简约明确、易于获得良好的景观效果,且有利于可持续发展,但易造成各功能区交通不便,较多用于各功能区独立性较强的校园规划中(图6-8)。

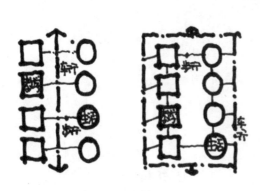

图6-7　鱼骨式　　　　图6-8　某大学规划总平面

（2）集中式布局（图6-9）

集中式布局是指有一内聚性很强的核心空间，其他功能设施围绕核心空间布局，从而形成的一种内向型的校园空间。这种布局形式也是非常常见的校园空间布局形式。校园的核心空间，可以是校园的标志性建筑、建筑群体、集中绿地、水体和广场等要素，校园建筑及景观环境围绕校园核心呈放射状或环状布置。这类布局中心明确、环境统一，容易形成校内环形交通，有利于人车分流和保持校园环境的安静，但在使用时应注意采用多样化的手法来打破单一放射状容易形成的呆板和过强的纪念性（图6-10）。

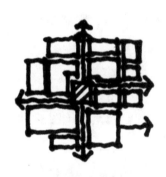

图6-9　集中式

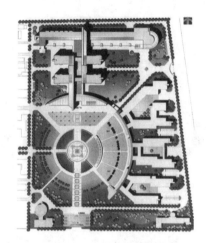

图6-10　某大学新校区概念规划方案平面

（3）组团式布局（图6-11）

组团式布局也称分子式布局，是指校园空间中有一个比较明确的核心空间存在，各组团结合核心空间相对独立设置，也可以没有这个核心空间，各组团相互独立平等发展，一般而言，前者占多数。一般适用于综合性大学校园，常由许多不同的学院构成，这些学院有一定的内在联系，且各个学院都与公共教学区直接发生联系。这种布局结构条理清晰，不同类型和功能的建筑群体可以形成一种类似于"枝干"的分主从、有层次的校园结构；布局较为自由灵活，易形成园林化的教学空间环境；能够有效避免不同学科间的相互干扰，适合校园多元化发展的需求；有利于可持续发展规划观念的体现（图6-12）。

（4）格网式布局（图6-13）

格网式布局是指采用格网式道路网作为交通的骨架，相应格网中布置校园的主要功能建筑或布置广场等开放空间，也有的以建筑物来形成格网式空间。这种规划设计方法是一种严格的理性主义设计方法，体现了科学和理性的严谨。采用这种方法规划校园，易于对校园空间景观进行宏观控制，形成统一完整的校园环境；各道路的间距相近，便于合理组织交通，形成车行环线；由于网格图形的连续性，使得这种布局具

图 6-11　组团式

图 6-12　某师专校园规划总平面

有可持续发展的特点，有利于扩建和改建，具有一种"可生长"的特点。但由于格网本身的均质性，校园空间中往往会缺乏核心和焦点，需要在设计构思的时候通过一定的手法产生空间的变化，以形成层次清晰，丰富有趣的校园空间（图 6-14）。

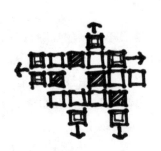

图 6-13　格网式

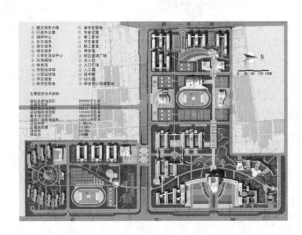

图 6-14　某学院分校区规划总平面

（5）混合式布局（图 6-15）

混合式布局是指以上两种或两种以上布局形式混合而成的布局结构，可以形成多个核心区域，这种布局形式，无论从功能的适应性上还是从空间形态的创造上，都有更大的优势，更能满足人们的多种需求，也是非常常见的一种校园空间布局形式。此外，在校园规划中，采用空间节奏的转换，条形空间与块形空间的结合，动态空间与静态空间的结合，更容易造就出丰富的空间形态（图 6-16）。

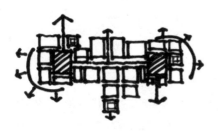

图 6-15　混合式　　　　　图 6-16　某大学城第五组团规划总平面

2. 设计要点

（1）在空间布局中，对不同功能区的组合一般都是以教学办公区为中心，其他功能区环绕该区域来进行布局设置，这样既能增加其他功能区通往教学区的可达性和便利性，缩短师生前往教学区的距离，又可减少外界机动车辆对于教学、科研环境的噪声影响，保持校园核心区域的安宁，同时与外界联系较为密切的教学办公区、文体活动区布局在校园外围，方便外来车辆直接到达目的地，不至于穿行整个大学校园。

（2）在教学办公区布局中宜将教学设施集中布置，形成教学建筑群，加强学术合作与交流，校园规模的扩大，教学设施的分散布局不利于各系学科学生的联系与交流，因此，通常采取以通道连接各教学楼的手法来强调楼群的整体感，但应避免简单的连接所造成的单调乏味的立面，避免过大尺度上的连接所造成的视觉不开阔、空间资源和经济浪费。学校主要教学用房设置窗户的外墙与铁路路轨的距离不应小于 300m，与高速路、地上轨道交通线或城市主干道的距离不应小于 80m。当距离不足时，应采取有效的隔音措施。

（3）在文体活动区和生活区布局中宜将体育设施、生活配套服务设施分散布置，满足师生需要和实现资源社会共享。生活配套服务设施（食堂、浴室、商店等）和校园绿地宜相对分散地布置，与学生宿舍紧密结合，以方便学生使用。

（4）在校园的空间布局中，要注重空间的秩序性和层次性。通过不同功能区的内在联系和校园规划机理，将其按照开始、过渡、高潮、结尾等不同区域进行设计，运用空间曲折、节点收放以及围合变化等方法来实现，同时使开放空间从小到大层层嵌套、层次清晰，在分离中有联系，闭合中有流通，形成强烈的节奏感，强化空间序列，使整个序列成为一种有机、统一的过程。

6.3.2 道路交通规划

1. 路网结构

（1）环形

环形道路网结构由一条或两条环通式和若干尽端式道路组成，环通式的主干道穿过校园中部，或分布在校园的边缘，或二者同时存在，尽端道路分布在环通式道路的周边。根据环通式道路分布的位置，可以将其分为内环式、外环式以及内外环复合式，是一种常见的校园道路网结构，可参考住区规划快题设计相关章节。这种道路网形成的校园通常拥有两个出入口，不同功能的建筑群体分布在尽端式道路附近的空间。

环形道路的优点是校园内核心功能区域与各部分其他区域的联系在距离上大致是相当的，在方向上也是均衡的，核心功能区域能在各个方向上与周边区域的其他校园建筑联系在一起；其缺点是核心功能区域的扩展容易受到限制，想在原来基础上进行改扩建将会有所困难，为此在规划初期时，即应长远考虑，做好远期规划的准备。

（2）自由形

自由形道路网结构一般是依势而建的，未进行特别的人工规划，大多结合地形的曲折形成灵活多变的外部空间（图6-17）。

这种道路结构的优点是，校园形态自由浪漫，具有较为吸引人的特性，虽然在建筑空间的组织上存在某种一定的秩序，但在总体形态以及校内建筑布局的处理上，往往不拘于形式上的束缚，随地理形态自由发展；其缺点是，主干道为不规则的多变曲线，校内建筑布局较为松散，划分成多个小型的组团，与校园道路形成自然的联系，对于一些首次到达该校的出行者来说不易寻找到目的地。

（3）树枝形

树枝形道路网结构基于一条核心交通线作为大学校园的骨架和交通动脉，其他辅助道路可以自由伸展，校园内不同功能的设施沿这条核心交通线两侧排开（图6-18）。

图6-17 自由形　　　　　图6-18 树枝形

这种道路结构的优点是用地灵活性强，没有主导性的中心，其后续开发以及大学校园整体感官效果较好，易于形成开阔的空间，该条校园核心交通线作为一条景观轴线，可以灵活、轻松地与大学校园地形完美结合，形成交通流线与自然景观的密切结合；其缺点是过长的核心交通线会导致校园内出行首尾联系不方便，容易造成该条核心主路交通压力过大，导致大学校园道路产生拥堵，影响大学校园内的出行及整体美观。为了防止树枝形道路结构的校园核心主路上的交通分布过于集中，可以考虑同时设置几条平行核心交通线，分担大学校园内出行的重担。

（4）方格网形

方格网形道路网也叫棋盘形道路网，一般以格网线作为道路轴线，中部围合出校园建筑和集中的公共活动空间，类似于在棋盘上布置棋子，形成一个点、线、面的统一体（图6-19）。

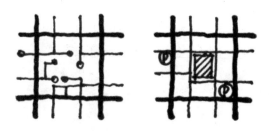

图 6-19 方格网形

这种道路结构的优点是用地划分较为规整，有利于建筑布置，便于校园的交通组织，交通关系较为清晰，车辆行驶时方向感明确，适合机动车车辆在其中穿梭行驶；其缺点是该道路结构非直线系数较大，通达性也较差，校园内"爆发性"交通流不易分流，容易产生交通拥堵，而且通行车辆在直线段道路内容易产生过高的速度，形成安全隐患。

（5）混合形

混合形道路网结构是由以上两种或两种以上道路网结构复合而成的，如内环+树枝形、外环+方格网形、自由形+树枝形、方格网+自由形等（图6-20）。这种道路结构综合了不同形式道路网的优点，避其短处，以发挥最大的功能和效果。缺点是若不同道路网结构的衔接处理不当，不能自然过渡，则容易造成布局混乱。一般适用于较大规模的校园规划。

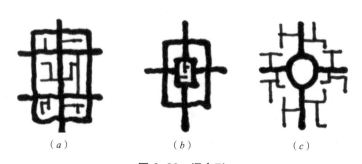

（a） （b） （c）

图 6-20 混合形
（a）外环；（b）方格网内外环；（c）方格网内环放射形

2. 道路详细规划设计

（1）车行交通规划

校园道路系统主要以人流为重点，以人车分流为原则来规划安全流畅的交通网络，适应现代校园环境的使用要求。人车分流设计一般采用平面分离，车行道环绕校园外围，通过尽端路与各功能区相连接，人行道路在内部相连并与中心绿地和各种活动场所相联系。校园局部也会采用人车混行，人车混行设计主要通过地形或种植使步行道与车行道相对分置，对校内道路的车行速度与路线加以控制，对道路空间的人行区域使用防滑材料加以铺装，并进行绿化和景观小品的设置，这样人车混行也可以做到不妨碍人性化生活环境质量。

校园道路要便捷通畅，结构清晰，符合人流及车流的规律，校园道路按照道路等级划分为主干路、次干路、支路。1）校园主干路，是承载校园主要交通流量并以交通功能为主的道路，一般是连接校园各主要功能区的干路，路幅宽度控制在 12~16m 的四车道宽度和 7m 的双车道宽度。2）校园次干路，与校园主干路和周边的城市道路结合组成校园的道路网，起集散交通的作用，兼有服务功能，是校园内的主要道路形式，一般为单车道或双车道，路幅宽度为 6~9m。3）校园支路，是为更好地满足地块的服务功能，用于解决局部地块交通的道路，一般为单车道，路幅宽度为 3~5m。此外，校园规划还应注重校园入口区的设计，校园主要出入口是整个校园的形象标识，一般采取人车混行方式并设置一定的缓冲区域。

（2）步行交通规划

校园的步行系统主要由广场、建筑、绿地、构筑物、小品及照明设施等构成，宜形成步移景异、丰富多彩的环境空间。步行系统作为一种功能性的景观元素，应具有实际功能，一般包括主要步行道、休闲步道、校园小径。

主要步行道一般是直线步行道，象征高效、迅捷的工作，教学办公区内的步行道是联系各教学楼、图书馆、实验楼之间的便捷通道，以高效迅捷为目的，遵循两点最近距离原则。

校园内部休闲步道，校园内的游园、亭廊步道以及自然环境是师生间歇时间放松和休闲的最佳场所。休闲步行道路在设计上应以流线形为主，与两侧的地形、绿地、树木及灌丛相结合，成为校园道路的有机组成。

校园小径是供师生游憩观赏校园景观的林荫道路，规划设计时大多宽度为 1.5m 左右，一般多用曲线形式。

（3）静态交通规划

1）机动车停车

目前大部分校园在机动车停车方面的考虑普遍不到位，甚至严重阻碍步行交通，因而在当代大学校园规划设计过程中必须妥善处理好机动车的停车问题。

机动车停车包括地面停车、地下停车、立体车库三种。地面停车方便、经济；地下停车节约土地、保护景观；立体车库则介于二者之间。校园规划中应大力建设地下车库，鼓励地下停车，适当考虑建设停车楼，避免对地面停车的过度依赖。

停车位置一般分为集中停车场和路边停车带两种。机动车停车场宜分片相对集中布置在各功能区及重要建筑物，如报告厅、体育馆等时间性强的开放场所的入口附近，根据需要配置相应机动车泊位。最合理和优化的方案是在建筑内大力发展地下停车库，教职工生活区则可采用住宅底层架空方式或地下停车解决私家车停放问题。

此外，应尽量使车辆停放在校园出入口或环形干道旁、建筑物附近或步行区入口的停车场上。考虑把大量的停车场地置于地下或半地下，以提高土地利用率和保持地面上宽敞、舒适、优美的环境。如顺应地形，在教学楼或学生宿舍设置架空层。

2）自行车停车

校园内由于缺乏足够、合理规划的停车区域，大量自行车随意停放在道路两侧、建筑前后、入口附近，严重挤占了疏散通道和交往空间，损害了校园景观，破坏了校园气氛。应在教学建筑、宿舍区等附近集中设置自行车停车场，或利用建筑物底层架空层集中设置。

6.3.3　单体建筑形态

在校园规划快题设计中，常涉及的单体建筑主要包括行政办公建筑、教学建筑、居住建筑、文体建筑、商业建筑以及校园公共建筑等。其中，校园内的商业设施常结合宿舍设置，类似商住混合区底层商业裙房，可参考第3章的单体建筑形态章节；图书馆等校园公共建筑可参考第4章的单体建筑形态章节。

1. 行政办公建筑

行政办公建筑是指提供给学校或各学院办理行政事务、从事各类业务活动以及教学管理事务的建筑物，包括学校行政楼（图6-21）、学院办公楼建筑（图6-22）。

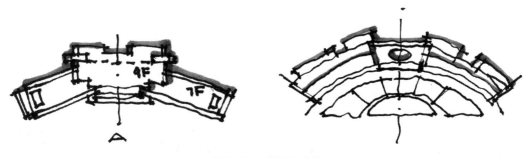

图6-21　学校行政楼

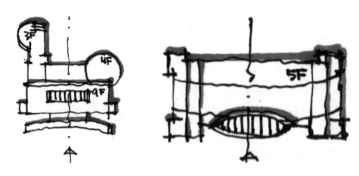

图 6-22　学院办公楼

2. 教学建筑

　　教学建筑是指供进行各类教学活动的教学楼，包括普通教学活动的教学楼（图 6-23、图 6-24）、不同专业的实验楼（图 6-25）等。

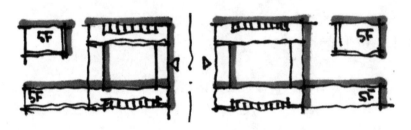

图 6-23　外廊式教学楼

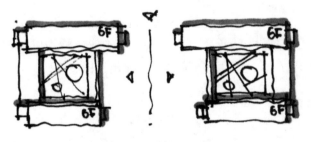

图 6-24　内廊式教学楼

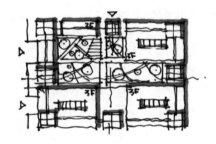

图 6-25　实训基地

3. 居住建筑

　　居住建筑是指供学生或教职工居住生活的建筑，包括学生宿舍（图 6-26、图 6-27）、教职工宿舍、食堂（图 6-28）等。宿舍宜接近工作和学习地点，并宜靠近公用食堂、商业网点、公共浴室等方便生活的服务配套设施，宿舍与其他建筑之间的距离不宜超过 250m。宿舍附近应有活动场地、集中绿地、自行车存放处，宿舍区内宜设机动车停车位^②。

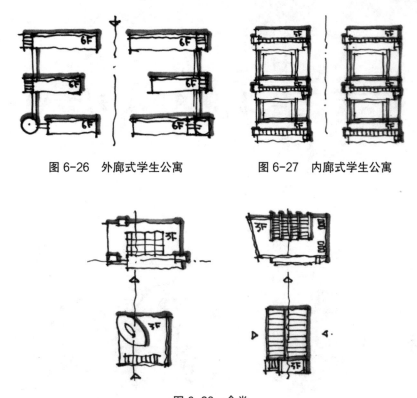

图 6-26 外廊式学生公寓　　　　图 6-27 内廊式学生公寓

图 6-28 食堂

4. 文体建筑

文体建筑是指供学校师生进行文化、体育活动，或进行文体教学活动的建筑，包括图书馆（图 6-29）、学生活动中心（图 6-30）、艺术楼（图 6-31）、体育馆（图 6-32）、风雨操场（图 6-33）、跑道、足球场、篮球场、排球场、羽毛球场、乒乓球台等。其中，大学生活动中心可单独设置，也可结合食堂共同设置。体育馆、风雨操场等建筑应适合开展运动项目的特点和使用要求，交通方便，环境较好，可布置在校园的外围并临近城市道路，实现校园资源的社会共享。各种球类场地的长轴宜南北向布置，长轴南偏东宜小于 20°，南偏西宜小于 10°[3]。以体育馆为例，其选址应适合开展运动项目的特点和使用要求；交通方便，环境较好，基地至少应分别有一面或二面临接城市道路[4]。

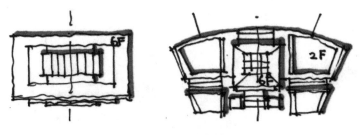

图 6-29 图书馆

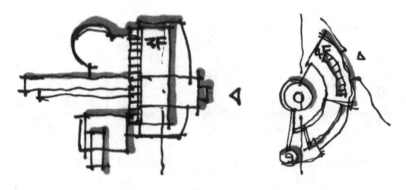

图 6-30　学生活动中心

图 6-31　艺术楼

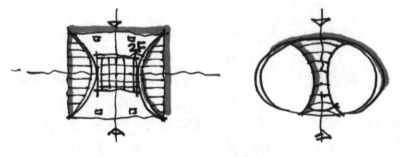

图 6-32　体育馆

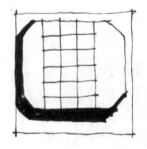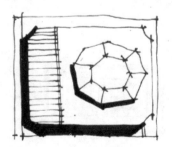

图 6-33　风雨操场

6.4 设计任务一：北方某医学院新校区规划设计

6.4.1 项目概况

1. 场地条件

北方某医学院规划建设其新校区，基地位于大学所在城市的新区中，东西长700m，南北宽240m，东侧有河流经过，地势呈西高东低之势，基地中部有一陡坎，两侧高差约12m，新校区总用地面积16.8hm²（图6-27）校园主入口拟设于用地北侧，要求总建筑面积达到15.6万m²,满足办学规模达到教职工500人、在校学生数6000人。

2. 功能要求

设计要求总建筑面积达需求。

（1）教学区域

1）教学主楼：总面积1.5万m²。

2）校行政用房：5000m²（可与教学主楼结合）。

3）图书馆：1万m²。

4）实验用房：5万m²（分公共实验和专业实验两部分）。

5）系行政用房：总面积7600m²（6系2部，可与实验楼结合）。

6）会堂（活动中心）2000m²。

7）学术交流（培训）中心8000m²（满足300人接待、会议、商务中心）。

（2）生活及其他设施

1）学生宿舍：总面积3.9万m²（6000人）。

2）学生食堂：7800m²。

3）教工食堂：1400m²。

4）附属设施（含浴室、超市、银行、车库、变电所等）：5700m²。

5）风雨操场：2500m²。

6）教师公寓：1600m²（预留发展到500人）。

7）运动场地：400m标准运动场一个，篮球场4个，棒球场6个。

8）停车：机动车和非机动车停车场自行设计。

3. 规划设计要点

（1）适应城市新区中大学的教学、生活与管理要求，按照要求进行不同功能分区，尽可能采用建筑组团布局，交通组织要求实现人车分流。

（2）主要规划控制指标：容积率为0.9，建筑密度不大于30%，绿地率不小于40%。

（3）蓝线控制范围内不得设置建筑及人流聚集场所，建筑后退蓝线25m，建筑后退西侧经四路道路红线50m，建筑后退北侧学院大街道路红线和南侧基地边界25m。

（4）规划要求校园标志性建筑（教学主楼）高度不超过60m，其余建筑高度均应控制在24m以内。

4. 成果要求

（1）总平面图1：1000（地形图自行放大）。

（2）规划分析图（规划结构分析、交通组织分析、绿地景观系统分析等）比例自定。

（3）规划鸟瞰图。

（4）规划设计说明及主要技术经济指标。

5. 地形图参考（图6-34）

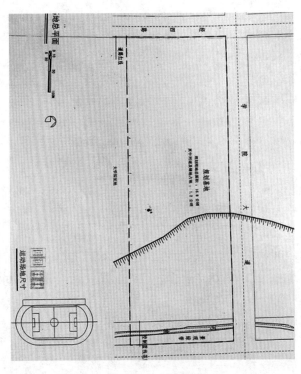

图6-34　地形图

6.4.2　任务解读

根据任务书的要求可知，该项目位于北方某城市的新区，不用考虑现状建筑要素对规划的影响，降低了审题的难度，有较大的设计自由发挥空间。用地整体成狭长形，设计时需要注意各功能分区的布局，注重知识殿堂空间序列的营造，重点考虑公共开敞空间的布置。作为校园规划的作品，师生交流场所的营造及基础设施的共享会成为亮点，为设计增添光彩。新校区不仅应当注重校园各项功能的完善，也应注意功能的提升。同时校园除了教学以外，还承担着一定的社会职责。在规划中可以开放一部分设施与社会共享，设计中要注意出入口的安排以利于社会人士使用。根据设计要求，确定有以下几个设计重点：（1）地形环境协调与利用——用地东部为线性水域和景观绿带，拥有良好的自然景观资源，方案如何体现与周边环境的互动，如何利用现有自然资源打造景观节点，如何利用并处理 12m 的高差是设计的重点。（2）功能布局及比例划分——该校园用地的功能大致可分为教学区、生活区、运动区及生态景观区，在功能设施布局时，可进一步考虑各功能区的细化。如何合理地进行不同功能分区的布局是本次设计的重点内容。（3）交通组织及步行系统——多种功能复合的地块内，如何处理人车交通问题，以及不同目的的人群活动流线与各个开放空间的联系是重点内容。（4）开放空间及细节处理——创造大气、美观，同时又别具特色的公共绿地，开放空间与建筑之间的细节处理也是其中一个重点。

　　设计要求容积率为 0.9，建筑密度不大于 30%，绿地率不小于 40%。新校区总用地面积 16.8hm²，要求总建筑面积达到 15.6 万 m²，办学规模达到教职工 500 人、在校学生数 6000 人。计算可得平均建筑层数最低约 3 层，在规划时要注意楼层的设置以平衡整体开发强度要求。

　　（1）设计理念——"绿色生态，开放人文，功能齐备"。

　　（2）设计思路——1）绿色生态。借助高差和水体资源作为设计的绿色背景，充分发挥地理优势，打造优美景观。2）开放人文。注重公共空间的设计，给师生间、学生间创造共享交流的场所。3）功能齐备。创造教学、科研、实验皆具备的多元校园。

6.4.3　场地分析

1. 周边场地分析

　　（1）景观资源——用地东侧有一沿河的景观绿带，在设计时可考虑内部水系与东侧河流之间的水系连通，从而形成活水景观。

　　（2）周边用地——周边都是拟建大学城用地，要考虑基地与周边地块之间的步行联系，注意开口的位置选择。

2. 内部场地分析

　　（1）地形——从整个用地范围来说，地形较为平坦，地势呈西高东低之势，基地中部有一陡坎，两侧高差约 12m。在设计中应当注意高差对基地内道路规划的影响，同时可以考虑通过高差来制造特色空间。

　　（2）现状用地——用地目前未进行开发建设，因此不需要考虑现状建筑及道路的影响（图 6-35）。

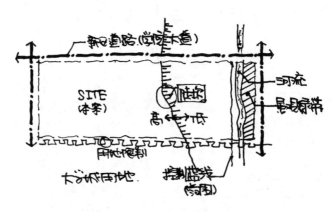

图 6-35　场地分析

6.4.4　方案构思

1. 环境分析

　　考虑基地与东侧景观资源的空间联系以及狭长地块的平衡布局而建立三条空间轴线，其中，两条南、北向空间轴线根据校园重点功能区（即教学区）的布局而进一步划分主、次，南北向主要空间轴线考虑布局教学区及校园主入口，南北向次要空间轴线考虑布局生活区，东西向主要空间轴线可考虑作为串联各功能区的视线通廊或交通廊道（图 6-36）。

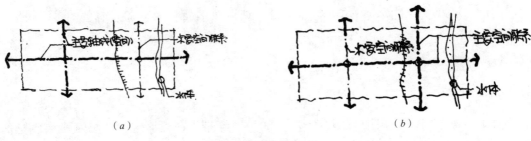

　　　　（a）　　　　　　　　　　　　　　　　（b）

图 6-36　环境分析
（a）方案一；（b）方案二

2. 总体布局

　　根据两套不同空间关系可得到两套不同的功能布局方案。在进一步细化功能布局时，应考虑根据地块特色，教学区宜正对地块主要主入口设计，形成明晰的景观轴线，行政大楼也可以成为校区入口的标志性景观。宿舍区宜靠近地块次入口，方便学生进出，但与教学区和运动区也不宜过远。生态景观区可以结合现有水资源布置（图 6-37、图 6-38）。

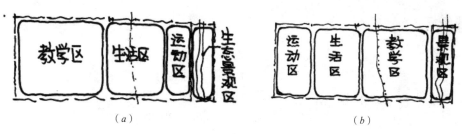

图 6-37　总体功能布局

（a）方案一；（b）方案二

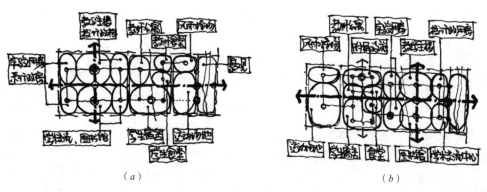

图 6-38　功能布局细化

（a）方案一；（b）方案二

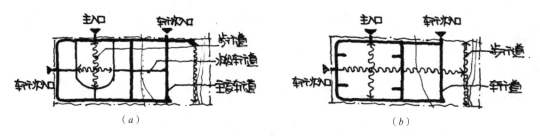

图 6-39　方案一交通组织

（a）交通可达；（b）步行多样

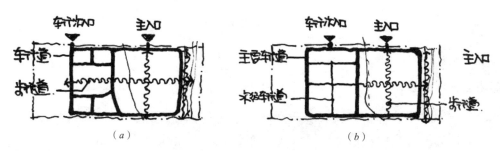

图 6-40　方案二交通组织

（a）交通可达；（b）地形特色

3. 交通组织

交通组织总体采用人车分流模式，根据不同设计目标，方案一可得出强调交通可达性与步行多样性的两套方案，方案二也可得出强调生活区可达性与高差地形特色的两套方案。车行系统采用外环道路与其他形式（如方格网形、尽端形等）的混合形式，同时，步行系统结合景观布置，连通生活区、教学区及生态景观区等主要用地（图 6-39、图 6-40）。

4. 开放空间

各空间以轴线连通，形成贯通全局的景观廊道，这一廊道成为联系全局的脉络。在地块中心设置全局的景观中心，形成视觉上的焦点，并考虑与周边用地的联系，在轴线入口处设置小型广场。各分区内也形成各具特色的中心绿地，然后将这些通过绿化与步行系统串联起来，形成连续完整的景观系统（图 6-41）。

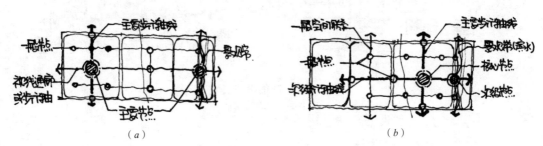

（a） （b）

图 6-41 公共开放空间体系
（a）方案一；（b）方案二

5. 建筑布局

整体建筑布局呈西高东低之势，使地形的剖面起伏得到进一步加强，突出地形高差的特征，形成逐步跌落的空间序列，使天际线更加优美。建筑多进行围合布置，通过各种连廊进行连接，加强建筑群的整体感，增强空间层次，形成丰富的院落广场空间。

6.4.5 方案深化

1. 道路交通详细设计

在主要车行道路确定后，考虑重要建筑的可达性需要，适当考虑安排次级道路；应考虑为重要功能设施提供地面、地下停车，标注停车场位置及范围；步行道路应丰富有趣，体现空间引导性与层级关系。

2. 景观环境详细设计

主要景观区（如教学区开放空间）应体现校园文化的交流与共享，主次开敞空间通过空间尺度大小、丰富程度加以区分；在与不同空间联系的交点以及入口节点上设置景观标识，如广场、喷泉、雕塑等。

3. 建筑群体详细设计

通过不同建筑群体组合形成不同开敞空间，同时保证一定的贴线率，使建筑空间布局更加整体、结构更加清晰（图 6-42、图 6-43）。

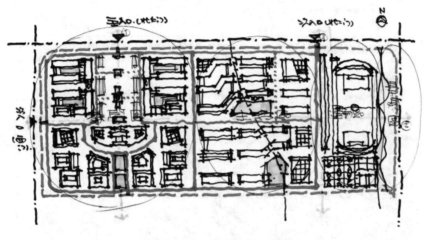

图 6-42　方案深化一

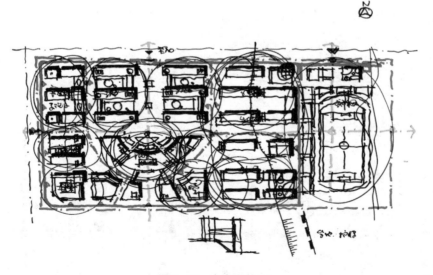

图 6-43　方案深化二

6.4.6　方案表达

1. 总平面图（图6-44、图6-45）

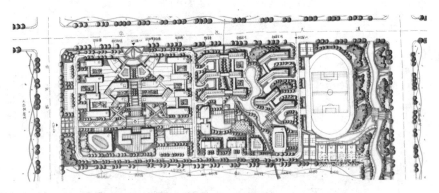

图6-44　总平面图一

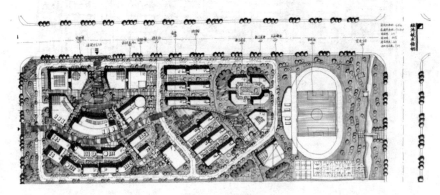

图6-45　总平面图二

2. 规划分析图（图6-46）

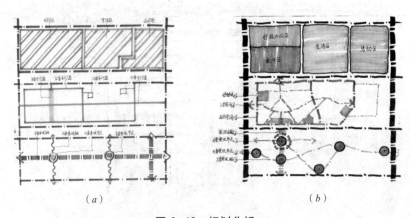

（a）　　　　　　　　　　　　　　（b）

图6-46　规划分析
（a）方案一；（b）方案二

3. 鸟瞰图（图 6-47、图 6-48 ）

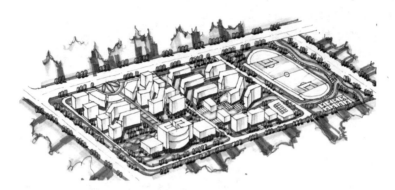

图 6-47　鸟瞰图一

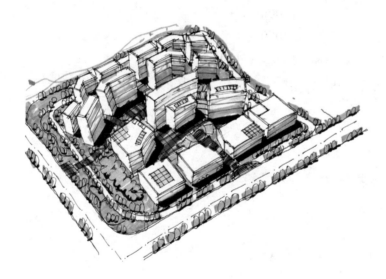

图 6-48　鸟瞰图二

6.5　设计任务二：某私立中学修建性详细规划

6.5.1　项目概况

1. 场地条件

基地位于南方某城市新区，总用地面积为 8.6 万 m²。西面临城市主干道，北面依城市次干道，东面为城市支路，南面为已建居住小区。规划部门要求如下。

（1）建筑密度不超过 20%；建筑高度不超过 5 层。

（2）南北建筑间距不少于 1.2 H（ H 为南面楼之高度）。

（3）建筑后退：后退城市主干道红线不小于 8m，后退城市次干道红线不小于 6m，后退城市支路红线不小于 5m。

（4）在校门附近布置适量的停车位置。

2. 项目要求

（1）功能分区合理。

（2）交通组织合理。

3. 项目具体内容

（1）教学行政楼：1.8 万 m^2，其中教学 1 万 m^2，行政 8000m^2，可分设或合设；教学楼包括 60 间标准教室及相应公共面积，采用单廊式，建筑间距不小于 25m。

（2）实验图书综合楼 7500m^2。

（3）音乐美术综合楼：4000m^2。

（4）综合体育游泳馆（2 层）：4500m^2。

（5）学生宿舍：2.2 万 m^2，包括 400 间 6 人宿舍及相应公共面积，采用单廊式。

（6）食堂：4000m^2。

（7）运动场地：标准 400m 跑道带足球场 1 个，标准篮球场 4 个，标准排球场 2 个，室外器械活动区 2 个。

4. 规划成果要求

（1）总平面图 1：1000。要求标注各设施之名称。

（2）空间效果图不小于 A3 幅面，表现方法不限，可以是轴测图等。

（3）表达构思的分析图若干（自定，功能分区和道路交通分析为必需）。

（4）简要的规划设计说明及主要指标。

5. 地形图参考（图 6-49）

图 6-49　地形图

6.5.2　任务解读

根据任务书的要求可知，该项目位于南方某城市的新区，三面临城市道路，南面临已建住区，地形规整，无现状建筑及地形变化，在设计时应考虑各功能区的布局与联系，注重公共开敞空间的布置，创造开放、共享的生活和学习环境，同时应注意标准运动场对于地块整体布局的影响，以及部分设施的对外开放与社会共享。

设计要求建筑密度不超过 20%，建筑层数不超过 5 层，总用地为 8.6hm^2，建设规模为 6 万 m^2，可知容积率约为 0.7，平均层数为 3.5 ~ 5 层。

（1）总体定位——新城"文化高地"。

（2）设计理念——"人文、开放、生态"。

（3）设计手法——1）人文。应重视人文环境的营造，挖掘地域特色，保护校园历史环境，注重新旧建筑的协调，创造多元化的交往空间。2）开放。校园空间与城市空间应相互依存，校园空间形态应社会化、开放化，在不干扰校内正常教学秩序的前提下，向社会开放体育设施、文化和科技服务。3）生态。应充分结合自然并利用自然条件，保护和构建校园生态系统，创造生态化、园林化的校园环境。

6.5.3　场地分析

1. 周边场地分析

周边道路——基地西面临城市主干道，车流量较大，在设计时考虑将校园出入口设置于车流量相对较小的北面城市次干道或东面城市支路，同时在靠近主干道布置一定宽度的防噪绿植，以减少对校园环境的干扰。

2. 地块内部场地分析

地形地貌——未对地形地貌做详细说明，可作为平坦用地处理（图 6-50）。

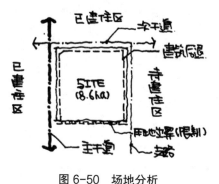

图 6-50　场地分析

6.5.4　设计构思

1. 环境分析

对基地进行常规环境分析，可选取各边界中心建立南北、东西两条主要空间轴线，但由于要求布置标准 400m 跑道，对空间布局影响较大，因而须适当调整南北向空间轴线，以形成合理的空间结构（图 6-51、图 6-52）。

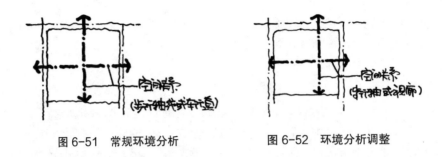

图 6-51　常规环境分析　　　　　　　　图 6-52　环境分析调整

2. 功能布局

规划将运动区靠近主干道布置，同时考虑综合体育游泳馆及其他运动设施的对外开放；将教学区与生活区靠近东侧布置，并与南北向轴向相互融合，营造多元共享的学习交流环境。进一步确定各功能设施的布局，考虑各功能设施的空间联系，完善整体空间结构（图 6-53）。

（a）　　　　　　　　　　（b）　　　　　　　　　　（c）

图 6-53　功能布局
（a）三大分区；（b）功能细化；（c）空间结构

3. 公共开放空间

结合功能布局，确定各功能区的节点空间，并明确主、次关系，通过轴线串联各节点空间，形成两级开放空间体系（图 6-54）。

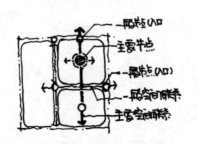

图 6-54　开放空间体系

4. 交通组织

总体采用人车分流的交通模式，车行系统满足各功能设施的车行需求，步行系统构成校园开放共享的交往空间。可考虑靠近城市次干道开设校园主入口，并结合教学行政楼打造"文化高地"形象，靠近东侧城市支路开设校园次入口，为生活区服务（图6-55）。

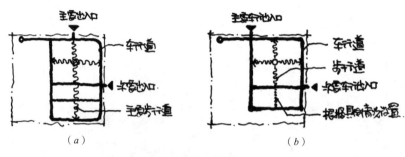

图 6-55　交通组织
（a）方案一；（b）方案二

5. 建筑布局

建筑群体布局应与功能布局、开放空间及路网结构相互协调、相互融合，重要建筑群体，如教学建筑、学生宿舍等，应具有功能识别性，文化、体育等建筑应体现其特色与开放特点。

6.5.5　方案深化

1. 道路交通详细设计

确定校园主、次出入口及其入口设计，主入口应展现校园形象，次入口以服务生活区为主；保证各功能设施的交通可达性，考虑静态交通设置。

2. 景观环境详细设计

因校园规模较小，景观设计主要集中于教学区的开敞空间，可适当考虑与生活区景观的联系。

3. 建筑群体详细设计

建筑单体形态适当考虑功能设施的多元化，同时进行整体设计，体现清晰的结构（图6-56）。

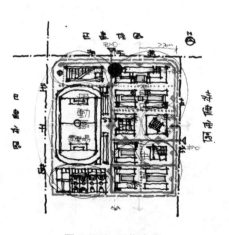

图 6-56　深化方案

6.5.6 成果表达

1. 总平面图（图 6-57、图 6-58）

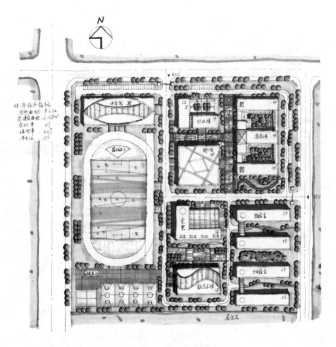

图 6-57 总平面图一

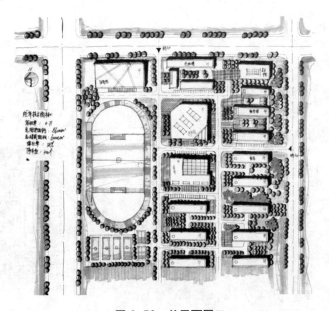

图 6-58 总平面图二

2. 规划分析图（图 6-59、图 6-60）

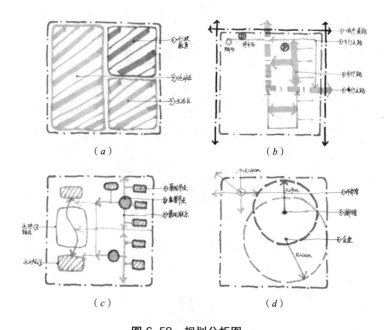

图 6-59　规划分析图一

（a）功能分区；（b）道路交通；（c）景观系统；（d）服务范围

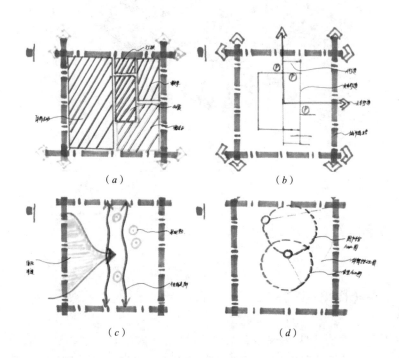

图 6-60　规划分析图二

（a）功能分区；（b）道路交通；（c）景观系统；（d）服务范围

3. 鸟瞰图（图 6-61、图 6-62）

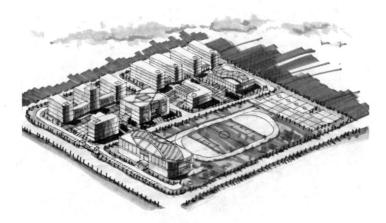

图 6-61　鸟瞰图一

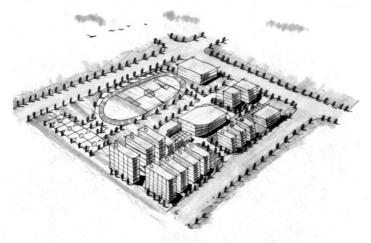

图 6-62　鸟瞰图二

6.6　优秀作品

6.6.1　方案一（图 6-63）

设计评析：方案表达成熟规范，总体排版美观大方；方案功能布局较为合理，交通组织顺畅，主体采用外环式路网可形成良好有趣的步行景观空间；动静分区与人流车流组织合理，营造了一个良好的学习生活环境。

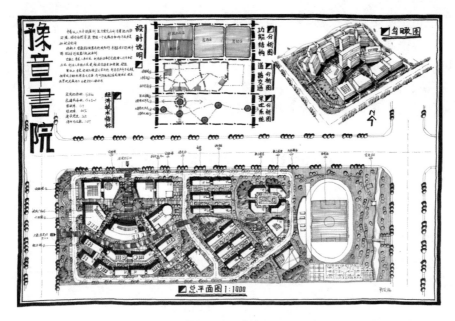

图 6-63　方案一

　　不足之处：教学楼等公共建筑出入口考虑不周，静态交通设施较为缺乏，东侧生态景观区可进行进一步深化。

6.6.2　方案二（图 6-64）

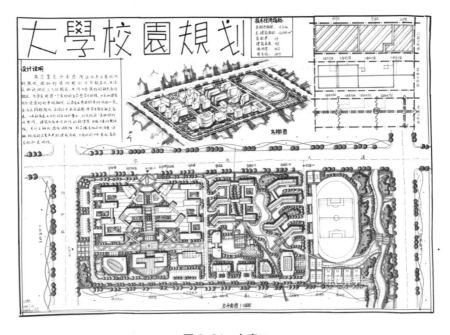

图 6-64　方案二

设计评析：方案表达成熟美观，色彩搭配清晰大方；功能布局较为合理，建筑群体空间布局多样，单体建筑形态尺度合理规范。

不足之处：生活区可达性不太理想，可考虑采用完整环形路网或其他方式加强生活区东西两侧的联系；校园主入口设计较为简单，西侧步行出入口建议改为机动车出入口，同时考虑在交通管理上提高校园安全。

本章注释

① 《中小学校设计规范》GB 50099—2011。
② 《宿舍建筑设计规范》JGJ 36—2005。
③ 《中小学校设计规范》GB 50099—2011。
④ 《体育建筑设计规范》JGJ 31—2003。

第 7 章　旧区更新快题设计

本章讲述旧区更新类规划设计的相关概念、设计类型、理论以及快题设计方法。重点解构旧区改造规划快题设计思维方法，并在熟谙规划设计理论的基础上结合实际任务进行方案详解。

7.1 概述

7.1.1 旧区更新

旧区更新是指有计划、有步骤地改造和更新某些特定区域的全部物质生活环境，从根本上改善其劳动、生活服务和休息等条件的改建活动。1958 年 8 月，在荷兰海牙召开的第一次城市更新研究会上，对城市更新的定义为："生活于城市中的人，对于自己所住的建筑物、周围环境或购物、游乐及其他的生活，有各种不同的希望与不满，对于自己所住房屋的修理改造，街道、公园、绿地、不良住宅区的清除等环境的改善，尤其对于土地利用的形态或地域地区的改良，大规模都市设计的实施，以便形成舒适的生活、美丽的市容等，所有有关这些的城市改善就是城市更新。"由此可见，旧区更新也是一个不间断的过程和状态，取决于城市的发展方向和速度。

旧区更新按照更新的方式划分，有再开发或重建（Redevelopment）、整治改善（Rehabilitation）、保护（Conservation）三种。（1）以再开发或重建为主的旧区重建规划，是指比较完整地剔除现有环境中的某些方面，目的是为了开拓空间，增加新的内容以提高环境质量。它是一种最为彻底的更新方式，也是城市规划快题设计中的常见考查类型之一。采取这种方式前，应综合考虑城市空间环境、社会环境以及投资风险等。（2）以整治改善为主的旧区改造规划，指对现有环境进行合理的调节利用，一般做局部的调整或小的改动。（3）以保护为主的旧区更新规划，是指保护现有的格局和形式并加以维护，一般不许进行改动，适用于建筑物仍保持良好的使用状态，整体运行情况较好的地区。旧区更新一般按照所处的地域类型划分，有城市中心区更新改造规划、历史文化街区保护规划、混合住区更新规划、城市边缘区或城中村改造规划以及工业聚集区更新规划五类。

7.1.2 快题设计类型

1. 城市中心区更新改造规划

通常一个城市的发展大多围绕中心城区展开，城市中心承载着城市功能和活动的主要部分。随着社会经济的发展，市政配套和功能结构一直处于更新与再开发之中，故城市中心往往成为旧区改造的重点区域（表 7-1）。由于城市中新区内各项基础设施非常完备，公共服务设施也相对集中，并且拥有核心区位与交通枢纽优势，因而在城市中心区的改造中，由于拆迁成本与容积率的要求，会更多地考虑边际利润更高的商业项目，从而形成商业（或商务）中心区（图 7-1、图 7-2）。此外，又由于城市中心区建筑密度大、公共绿地少、生活环境质量差、停车场以及停车泊位少，因而在更新

图 7-1 北京前门大街

图 7-2 成都市中心锦里

改造中会更加注重良好环境品质的打造与便捷交通的规划建设。

无论是局部调整商业品质还是拆除重建,成功的城市中心区更新改造都需要耗费极大的成本,因此,中心区的改造应该慎之又慎,可以分阶段分地域逐步改造。在城市规划快题设计中,城市中心区更新改造规划可参考第 4 章。

不同城市旧区更新案例功能要素组成 表 7-1

项目名称	区域性质	功能要素
柏林波茨坦广场	城市综合中心区	商务办公、商业、金融贸易、文化娱乐、居住、交通枢纽
伦敦南岸区	城市副中心 综合性文化艺术中心	文化艺术、商务办公、商业、会议展示、娱乐休闲
伦敦国王十字片区	区域中心	交通枢纽、商务办公、居住、文化、商业零售、娱乐休闲
香港中环	城市综合中心区	商务办公、商业、金融贸易、公共交通、休闲娱乐、居住
香港九龙站社区	区域中心 综合性社区	交通枢纽、居住、商业、商务办公、娱乐休闲、教育
日本六本木	城市综合中心区	商务办公、商业、居住、零售、教育、娱乐休闲、文化艺术、公共交通
重庆解放碑CBD	城市综合中心区	商务办公、商业零售、居住、娱乐休闲、公共交通
重庆朝天门片区	区域中心	城市广场、交通枢纽、会议展示、商业零售、商务、文化休闲
重庆观音桥片区	城市副中心	商务、商业、居住、休闲娱乐、公共交通

2. 历史文化街区保护规划

历史文化街区是指经省、自治区、直辖市人民政府核定公布的保留遗存特别丰富,历史建筑集中成片,能够较完整、真实地反映一定时期传统风貌或民族、地方特色,并具有一定规模的地区。历史文化街区是历史文化名城特色和风貌的重要组成部分,它的保护是为了在整体上保持和延续名城传统风貌,应以维系城市文脉,挖掘历史价值为宗旨。每个城市都有自己的历史文化遗址，比如北京的四合院、西安的钟鼓楼、南京的夫子庙、黄山的屯溪老街等。早先的开发改造规划由于对其风貌保护不够重视，导致城市历史濒临绝迹。例如在旧城改造的实施过程中，许多古城门和城墙因为被定位于阻碍城市交通发展而遭到拆除；或者为了单纯的经济效益而盲目改建，例如大量私家园林被改造成高级招待所。对城市古建筑、历史街区进行的大拆大建，其实质无异于杀鸡取卵，损害的不单是开发企业的长期利润，更是一个城区的人气与商业竞争力。2008 年 8 月 1 日施行的《历史文化名城名镇名村保护条例》对历史文化街区整体保护提出了控制要求，对历史文化街区保护制度的建设和完善起到了积极作用（图 7-3）。

图 7-3　武汉市"八七"会址片历史地段保护规划

历史文化街区保护的内容一般包括建筑保护、街巷格局、空间肌理及景观界面保护等。在历史文化街区的建筑保护中，文物保护单位建筑应原样保护，适当修缮；历史、特色建筑可适当更新改造，适应现代生活需要。街巷格局的保护应注重街巷的布局形态、功能、空间及景观的保护，强调主次街巷的相互连接关系以及街巷空间的层次关系。空间肌理及景观界面的保护应注重开放空间界面、主要景观视线所及的建筑、自然界面以及其他街巷界面的保护。

在城市规划快题设计中，为考查规划设计者对历史文化街区保护规划的认识，会更加注重对历史街巷格局、空间肌理保护的考查，而选择保护历史格局，传承历史风貌的"半重建规划"。

3. 混合住区更新规划

混合住区通常位于城区的中间圈层，是早期规划短视的产物，由于历史原因，混合住区内集中了居住、商业、工业、市政设施等多种土地类型，道路狭窄、建筑密集，区域内人口购买层次低，无力承担改善居住置业的成本，且混合区内工业以小型企业居多，徒增拆迁难度。根据国家关于旧区改造的原则，开发商必须对道路进行拓宽或翻修，增设公共配套设施，这样一来改造费用大大增加，加之有许多地块多处于偏街僻巷，市场运作升值空间小，风险非常大。房地产开发商对于这些居住密度高、区位条件差、资金难于平衡的地块，通常避而远之，但是政府为了实现统一规划，通常将混合住区与区位好的土地捆绑推出，成片改造。所以想要参与大面积旧城改造的企业必然会遇到混合住区改造，同时出于提升改造地区的品位和开发档次的需求，房地产开发商也要顾及混合住区对于其单体项目的影响。

在城市规划快题设计中，混合住区更新规划多以重建规划为主，除某些混合住区要求保留现状文物古迹、历史建筑以及特色风貌外，其他基本如同住区规划，可参考第 3 章，故不再赘述。

4. 城市边缘区或城中村改造规划

城市边缘区或城中村是近 50 多年来因城市扩展而包围的原城边村居。许多城市边缘区一般仍有集体经济与行政合一的组织机构，建筑杂乱密集，而其中最典型的形态当属城中村。由于二元体制的惯性，这种"都市中的村庄"仍旧实行农村管理体制，因此在建设规划、土地利用、社区管理、物业管理等方面都与现代城市的要求相距甚远，甚至出现管理上的真空。相比城市其他区域的更新改造，城中村往往分布面广，问题较多，涉及土地产权、集体资产处置、搬迁安置以及村民意识形态问题等，导致城中村改造是难上加难。目前，北京、深圳、广州等大城市的城中村改造都已纷纷启动，其中深圳渔港村、大冲村（图 7-4）的改造方式值得研究。根据城中村的分布特点，并依据城市规划对城中村改造的方向，可以把城中村改造划分为五类，包括公共设施发展型、绿地发展型、商业金融发展型、住区发展型、社区更新型（表 7-2）。

在城市规划快题设计中，公共设施发展型、商业金融发展型城中村改造规划如同城市中心区规划，绿地发展型城中村改造规划如同城市公园规划，住区发展型城中村改造规划如同住区规划，可分别参考相应章节内容。而社区更新型城中村改造规划，因涉及物质形态的规划较少，出现频率较低。

（a）　　　　　　　　　　　　　　（b）

图 7-4　深圳渔港村和大冲村改造后效果
（a）渔港村；（b）大冲村

城中村改造类型及改造内容　　　　　　　　　　　　　　　表 7-2

改造类型	改造内容	备注
公共设施发展型	常涉及整体搬迁和安置问题，从而布置公共设施，教育卫生以及其他基础设施等	通常位于城市公共活动中心辐射区
绿地发展型	常涉及整体搬迁和安置问题，城中村用地将被用来建设城市公共绿地或者城市景观	通常位于城市公共设施或大型商业金融中心周围
商业金融发展型	常涉及整体搬迁和安置问题	通常位于城市中心区域或重要道路交叉口附近，商业价值较高
住区发展型	常涉及整体或局部拆迁和安置问题	未来城市的发展区域
社区更新型	往往只涉及局部拆迁和重建，城中村居民就地安置	城市的普通居住生活区

5. 工业聚集区更新规划

在城市的发展过程中，工业企业的布局因为城市规模增大、城市功能调整而变得不再合理。从国外工业化城市发展的历史来看，几乎都经历过工业厂房的调整改造阶段。由于工业区产权结构与建筑结构简单，且容积率较低，因此拆迁量相对住宅片区要小很多。此外，工业区供电、供气、给排水设施的容量优于普通住宅，所以工业区改造往往免除了大规模的市政投入。但这些工业聚集区改造不是简单的厂房拆除和产业置换，且牵涉到更深层次的产业设计与厂房再利用。特别是牵扯到当地支柱型工业企业的改造，由于该工业区攸关整个城市的发展，必须慎重。在具体更新进程中，工业集聚区的改造一般又可以分为小型工业区的产业置换、混合工业区的渐进改造和大型工业区的产业升级。

（1）小型工业区往往规模小，空置率高，现状工业项目与周边的居住、商业极不协调，需要通过规划调整以及有关措施将工业用地置换为居住、商业、绿地或其他城市用地。（2）混合工业区的区位条件通常较好，已形成一定商业氛围，是工业生产和商贸以及办公活动均很活跃的旧工业区，但面临调整产业结构、疏散中心城区人口、解决环境污染等问题，更新规划时需要考虑区域内已经形成的功能布局，弹性地改造，如采取维护、局部整治、拆除重建等多种改造方式。（3）大型工业区更新规划通常采用工业升级模式，强调维持工业区原有的以工业为主的功能和性质不变，重点在于产业的重塑，以鼓励同类或者关联度高的企业进驻，再次形成产业集群效应，比如美国中西部地区的"锈带"、德国鲁尔工业区（图 7-5）、日本北九州地区等世界著名的工业城市（图 7-6）。

图 7-5　德国鲁尔工业区改造后效果

图 7-6　日本九州地区改造后效果

在城市规划快题设计中，工业聚集区更新规划更多采用保护工业遗产，进行产业改造升级或转型等方式，较少涉及重建规划。

7.2　理念和原则

7.2.1　规划理论

1. 黑川纪章"共生"理论

20 世纪 70 年代，黑川纪章面对世界建筑潮流的多元化，修正了自己对技术的永恒性和普遍性的信仰，回归传统，寻求本国传统文化与现代文明的结合点。继续发展在新陈代谢时期形成的中间领域理论，提倡变生和模糊性的思想，即后来称为共生思想的理论（图 7-7）。

城市有机更新的要求是城市内人口、科技、资源、环境、经济与社会等子系统能协调发展与和谐相处，共生理念教会我们，资源、环境、经济与社会这些子系统在城市系统中应处于互相吸引与合作、相互补充与促进的稳定关系。旧城更新实质应该是一种人口、资源、环境、经济、社会与科技等子系统沿着共同进化的道路的运行过程，在这个过程中，这些子系统之间不应是相互对抗与冲突的，而应是共同激活、共同适应、共同发展的共同进化过程。

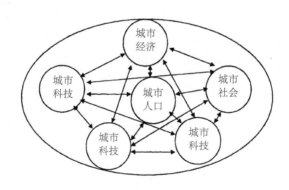

图 7-7　城市共生系统网络关系图

2. 吴良镛"有机更新"理论

20 世纪 70 年代末期，吴良镛教授在领导北京什刹海规划研究时，明确提出了"有机更新"的思路，主张对原有居住建筑的处理根据房屋现状区别对待：其中质量较好，具有文物价值的予以保留，房屋部分完好的予以修缮，已破败的予以更新。上述各类比例根据对规划地区进行调查的实际结果确定，同时强调历史街区内的道路保留传统的街坊体系。在1987年开始的北京菊儿胡同住宅改造工程中，"有机更新"的思路得到进一步实践，并取得了国内外的广泛关注和高度评价（图7-8、图7-9）。

吴良镛教授认为所谓的"有机更新"即采用适当规模，合适尺度，依据改造的内容与要求，妥善处理目前与将来的关系，不断提高规划设计质量，使每一片的发展达到相对完整，这样集无数相对完整性之和，即能促进北京旧城的整体环境得到改善，达到有机更新的目的。

有机更新理论丰富了历史城区保护与更新的理论成果，其核心思想是主张按照历史城区内在的发展规律，顺应城市肌理，按照"循序渐进"原则，通过"有机更新"达到"有机秩序"，这是历史城区整体保护与人居环境建设的科学途径。

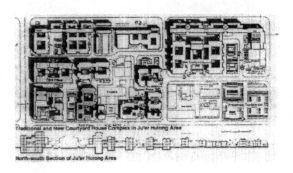

图7-8 北京旧城菊儿胡同改造平面图

图7-9 北京旧城菊儿胡同改造后效果图

3. 简·雅各布斯（Jane Jacobs）的城市多样性理论

简·雅各布斯从美国城市中的社会问题出发，调查了美国根据现代城市设计理论建造城市的弊端，从社会经济学角度对大规模改造进行了尖锐的批判。她认为大规模改建摧毁了有特性、有色彩、有活力的旧建筑物、城市空间以及赖以存在的城市文化、资源和财产。她在1961年推出的《美国大城市的死与生》一书中指出，"多样性是城市的天性"，而大规模改造计划因缺少弹性和选择性，排斥中小商业必然会对城市的多样性产生破坏。她从三方面论述了大规模改造计划是一种"天生浪费的方式"——耗费巨资却贡献不大；并未使贫民窟"非贫民窟化"，仅仅是将贫民窟移动到别处，在更大的范围里造就新的贫民窟；使资金更多更容易地流失到投机市场中，给城市经济带来不良影响。因此，她主张"小而灵活的规划"，"从追求洪水般的剧烈变化到追求连续的、逐渐的、复杂的和精致的变化"。在后来的1980年国际城市设计会议上，她又指出："大规模计划只能使建筑师们血液澎湃，使政客、地产商的血液奔腾，而广大群众往往成为受害者或牺牲品"。她主张进行从不间断的小规模的改建，认为小规模改建是有生命力、有生气和充满活力的，是城市中不可缺少的，并提出了一整套保护和加强地方性邻里区的原则。

4. 柯林·罗伊（Colin Rowe）的"拼贴城市"理论

柯林·罗伊于 1975 年出版了颇有影响的论著《拼贴城市》，将"拼贴"一词引入了城市规划和建筑单体的设计里面。认为城市是"断续的结构，多样的时起时伏的激情，一系列周游列国的记忆，一起呈现为我们所说的拼贴"。拼贴城市的核心其实就是在于和谐，城市的发展将是如何的走向，拿什么来将城市进行拼贴，并不是随意地任由其自由发展，应该是受到整个城市结构和环境的影响。城市的发展是一种自发而不意识的"拼贴"过程，悠久的历史文化遗产，和当代人所需要的各种城市功能以及迅速的城市发展进程之间发生着多样的矛盾，也需要更合理的"拼贴"理念指导城市的发展。

在旧区更新中，也有一些城市的拼贴元素，如值得记忆的街道、历史遗留建筑物、怀旧之源、公共台地、古树名木等。这些例子都是各个城市根据城市的复杂性和多变的自我适应性而形成的城市拼贴元素，要利用好拼贴物，使其合理地、有益地存在于城市空间之中。拼贴元素的运用应该以城市的复杂性和动态适应性为研究对象，从城市整体的研究到个体周边环境的研究，通过多样的拼贴手法并且是适应于现实情况的理念来表达出城市的文化和人精神方面的需求。重点在于对于拼贴元素的分析和对该元素所处环境的观察研究，使该元素真正地、和谐地置于城市的氛围之中，才能满足城市的动态适应性。

7.2.2　基本原则

1. 综合性原则

城市旧区更新不仅仅是单纯的物质环境改造，而应该是社会、经济发展和物质环境改善相结合的综合性更新，是社会、经济、环境的整体有机更新。在社会层面，旧区更新应注重改善人居环境，保持原有社会生态空间网络，提倡居住的混合性和异质性，关注弱势群体。在经济层面，旧区更新应注重经济活力的提升，提供旧区更新的物质基础。在文化层面，应注重文化的保护、挖掘以及传承，物质文化和精神文化是市民情感精神的寄托，历史旧区则是文化认同感的集聚空间。衡量旧城更新的效益，要以经济效益，社会效益和环境效益三者相协调的综合效益为标准，当前要特别反对片面强调经济效益的行为。旧城更新要兼顾多个目标、多个利益群体，统筹兼顾，维护基本利益格局，确保更新规划切实可行。

2. 整体性原则

城市是一大系统，旧区是城市一个组成部分，旧区更新应从城市功能、布局、产业结构的整体要求出发进行分析，要强调城市中心区的综合功能。而旧区更新是一个综合性的系统工程，包含了土地功能置换、产业提升、空间优化、历史文化保护等多方面工作，必须树立综合治理、整体改造的原则，对旧区人居环境、城市功能、城市形象等进行整体提升。

3. 协调发展与循序渐进原则

旧区更新要注意内部各项机能发展平衡，要使旧区地上设施与地下基础设施协调发展。在旧区更新过程中，使旧区规划结构从根本上得到更新，既延续有特色的旧城格局，又要与总体规划结构保持协调；合理调整旧区用地结构，使其与功能要求相协调；加强地下基础设施更新改造，进行地上地下协调。要依财力，分轻重缓急，选择不同的目标、手段、方法、措施，量力而行，要考虑目前全面更新改造的条件是否成熟，是否在更新改造过程中要留有余地等问题。

4. "人本主义"与可持续发展

"人本主义"和可持续发展思想在社会经济生活中的复萌，对旧区更新的影响与日俱增，成为社会共识并逐渐被参与旧区更新的各方所接受，今后的城市旧区更新必然将更多地注重社区的可持续发展。它满足人的需求，实现人的理想，更加关注人的生活需求，以改善城市服务与落实民生福利来实现社会关怀。旧区更新更加注重人的尺度和人的需要，重视社区居民的参与、居民的就业培训、社区的环境健康和整体活力，追求社区的全面复兴。

7.3　旧区更新设计方法论

7.3.1　空间布局形式

1. 空间结构

（1）单轴环状布局

单轴环状布局由单向的主轴线—"面"状空间—环形终端轴线构成，可由旧区主轴线返回，终止于主导的轴线空间，也可在环形轴线上设置较为清晰的出入口。单轴表达一种主方向性，引导着人们向前行进，在形态上具有可变性，可以采用直线形、折线形，也可采用弧线形（图7-10）。环状轴线与"面"状的空间节点结合能起到丰富线性空间的作用。该布局的优点是空间秩序感强，对人们的引导作用明显；"面"状空间可丰富主要街道的线性空间，易被人理解和掌控；通过对街道的尺度和长度的控制，并能很好地与周边历史环境相结合。缺点是该布局向周边的发展能力不强，容易成为独立的步行商业街区；空间向心性一般，由于主轴线是单向的街道，人们在其中多是穿行而过，巡回性不佳。

该布局适用于城市中心区或历史文化街区的更新改造规划，如新建的步行商业街区、周围有名胜古迹的历史街区改造以及传统步行商业街区改造，地段占地面积不大，能很好地适应场地的各种条件（图 7-10）。

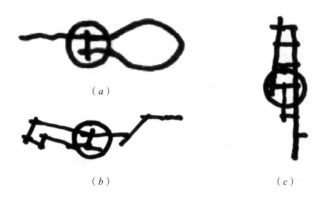

图 7-10　单轴环状布局
（*a*）基本模式；（*b*）北京烟袋斜街；（*c*）成都锦里

（2）树枝状布局

树枝状布局是指由一条主要的街道轴线贯穿，在主轴线上派生出若干次要的空间轴线，主要功能设施大多集中在街区主轴线上，主轴形态也具有可变性，可以采用直线形、拓宽直线形、折线形和弧线形。该布局的优点是空间秩序感较强，方向性好，空间导向明确；主要街道轴线上的空间可达性较好；通过枝轴增加整个街区的可达性，与周围的环境能较好地融合；线状的主轴空间符合人们的行走习惯，同时枝状轴线的增加，使空间的可逛性增加。缺点是枝轴端状模式的空间向心性一般；空间渗透能力一般；枝轴容易成为死角和尽端路，使得整个街区商业效益不均衡；结合"面"状的休憩空间，使停留性增加，但由于主要空间仍是单向的线性空间，人们在其中仍然没有巡回的乐趣。

该布局同样适用于城市中心区或历史文化街区的更新改造规划，如新建的步行商业街区、周围有名胜古迹的历史街区改造以及传统步行商业街区改造，用地规模不大，但比单轴环状模式的占地规模稍大，由于主轴上生出的若干"树枝"，能与周边的环境有较好的渗透关系（图 7-11）。

（3）多轴平行布局

多轴平行布局是指主要空间布局由两条或多条不相交的轴线组成，并且设有较大开放空间吸引人停留驻足。在街区中可有少量相交的轴线连接主要街道，多起到连接的作用，主要轴线形态有直线形、折线形和曲线形等。多轴平行布局的优点是空间秩序感强，空间导向能力好，空间可达性好，主要轴线对街区的控制力较强，可通过对主要街道空间尺度的变化，和主要轴线与次要轴线的空间对比使街区空间更丰富，更有趣味。缺点是空间向心性一般，空间渗透能力一般，主轴上聚集了大量人流，次轴线承担较少功能，空间结构稍显简单，可逛性欠佳。

该布局主要轴线空间结构清晰，适用于对较大规模传统风貌的历史旧区的更新改造（城市中心区或城中村更新改造规划）和中等规模的新建现代式步行商业街区（图7-12）。

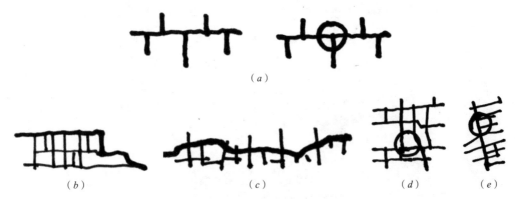

图 7-11　树枝状布局
（a）基本模式；（b）西安书院门；（c）北京二十二院街；（d）北京三里屯；（e）上海新天地

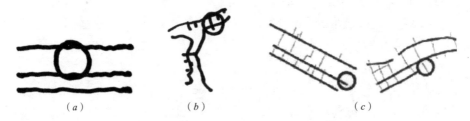

图 7-12　多轴平行布局
（a）朱家角步行商业街；（b）成都宽窄巷子；（c）嘉兴月河街

（4）集中式布局

集中式布局是指由多条线性轴线围绕一个中心主导空间进行空间组织并向外延伸的布局，聚焦点在街区中央的核心空间。集中式布局的优点是多轴向心空间的向心性强，空间渗透能力较好，中央核心空间易聚集人流，规模适中的街区空间较容易理解和掌控，街道空间的围合感较强。缺点是空间秩序感较中等，空间可达性中等，对规模过大的历史街区容易造成商业效益与人流聚集的不均衡，过于复杂的向心型布局结构，容易造成人在其中的迷失。

该布局适用于城市中心区或历史文化街区的更新改造规划，如新建的现代风貌的步行商业街区，一般地块用地规模较大（图7-13）。

（5）混合式布局

混合式布局是指主要保留原有空间格局，局部空间进行改造"激活"，在多条轴

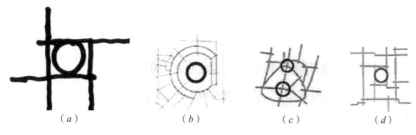

图 7-13 集中式布局

（a）基本模式；（b）宁波天一广场；（c）南京水游城；（d）西安慈恩镇

线交点处形成空间节点，该布局中有明确的核心空间，如中心广场，也有不同节点空间，如休憩场地。此外，还可由多条轴线相交形成布局，采用重复的、模数化的空间轴线，并通过对相交轴线的削减、增加或变形、移动、扭转、错位，使之与周围环境相融合。该布局空间渗透性好，与周围环境融合较好，空间可达性较好，适宜大规模的商业街区开发；能增加更多空间趣味性，提供更多的临街面和开口，增加社会活动和交往的可能性；有明确的空间节点和主要轴线。缺点是空间向心性较弱，容易导致秩序感不明确，导向性一般，街区秩序感较不明确，人在其中容易迷失；需要明确街区中的主要街道和核心空间，来强化街区中的秩序感。

该布局较多适用于较大规模的旧区更新改造规划，如城市中心区更新改造规划、工业聚集区改造规划等（图 7-14）。

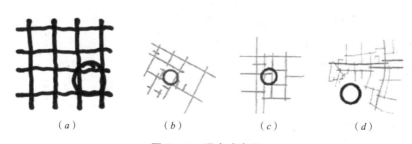

图 7-14 混合式布局

（a）基本模式；（b）成都文殊坊；（c）天津老城厢；（d）嘉兴梅湾街区

2. 设计要点

在旧区更新的快题设计中，目前还是以重建或局部改建为更新方式的居多，如城市中心区更新区改造规划（特别是商业街区规划）、历史文化街区更新规划、混合住区更新规划以及城中村改造规划等，多数可以根据规划设计要求，按照相应的快题类型进行规划布局。随着城市化进程的急剧加速和社会经济的高速发展，增量规划逐渐向存量规划转型，以保护为主的工业聚集区更新规划（如文化创意产业园）、历史街区保护规划等也开始在快题设计中出现，从而要求规划设计者除了物质空间形态设计能力外，还应有制度设计、政策规划以及经济管理知识的储备，如要求对规划用地进行项目前期策划，这就需要规划设计者对历史地段或旧区用地进行全面的认知和评判、规划定位、功能策划以及规划布局等。此外，在旧区更新的规划布局中，还应考虑以下几点。

（1）应注重规划用地的混合利用。土地的混合使用可以让旧区充满活力和生机，多样的用地结构往往还是旧区开发的活力之源。在旧城更新的规划布局时，应当根据上位规划的定位和要求，结合现状用地情况，对地块用地进行梳理，在整体上满足上位规划用地性质要求的情况下，探寻用地的功能复合利用，如商业与居住的结合、适当增加公共绿地或广场用地等，以促进地段的更新激活以及与周边区域的交流。

（2）应注重立体空间开发。在旧区更新的空间布局上，部分功能可以考虑竖向扩展，即地上空间和地下空间的开发利用，如设置地下停车场或地下商业街，以缓解土地紧缺的现状，保证旧区功能的多样性和趣味性，其中，地下商业街容易破坏整体文化环境氛围，设计时需谨慎。

（3）应注重公共开放空间的塑造。旧区更新常常面临传统文化湮灭、生活环境恶劣、公共空间稀缺等问题，在规划布局时，应考虑在保护传统文化、原有城市空间肌理和景观格局的情况下，塑造不同层级的开放空间（如节点广场），以提供交流互动的场所。旧城区公共空间以城市街道和城市广场为主。

（4）应注重外部空间环境与建筑形态设计相结合。尤其是古建筑群周边的景观设计。设计时要注意风格的精致、典雅、古朴，空间应开合有致、收放自如、趣味横生。尤其是水体，一般结合中国古典园林中的曲折委婉、自由活泼的风格。主要景观元素包括亭台楼阁、廊、雕塑、绿化和出入口牌坊等。

（5）应注重硬质景观和软质环境的相互联系。硬质环境中的铺地、广场设计和建筑群体的关系处理是否到位；软质环境景观的设计能否适应历史街区或旧城区的整体景观风貌；景观环境的设计层次是否明确等，都要仔细考虑。

7.3.2　道路交通规划

道路网结构

旧区更新规划中路网形式丰富多样，主要包括格网形、放射环形、自由形、混合形四种，具体可参考相应类型快题设计章节。

（1）格网形

格网形路网在我国地势平坦的城市旧区较为普遍，街道把旧区分割成许多相同的方形街区，可以向任何方向扩展。这种格网街巷、路窄、标准低、数量可观，慢行交通机动灵活，可以串街走巷。

（2）放射环形

放射环形路网具有清晰的结构，能以内外环嵌套形式不断地向外发散，有较好的通行条件，将公共交通引入旧区可以提高可达性。如俄罗斯的莫斯科道路网是典型的环形＋放射大道布局的格局，旧区被环线紧紧环抱，将各个放射形道路串联起来，把通向市中心的许多公共汽车站和有轨电车连接起来。

（3）自由形

自由形路网一般适用于自然地形条件复杂或水系发达的城市旧区。这种路网充分结合地形，对自然环境和景观破坏少，没有一定的格式，非直线系数较大。基于这种路网的城市旧区，由于居民的出行习惯和地形条件的制约，决定了出行主要依靠步行和公共交通。

（4）混合形

混合形路网一般采用以上两个或两个以上形式的道路网结构，也是旧区更新规划设计中最常见的一种路网结构，一般用地规模较大。

7.3.3　建筑群体组合

1. 建筑群体组合

在旧区更新中，常以不同建筑群体组合构成变化多样的外部空间，包括线性空间（图 7-15）和节点空间（图 7-16），线性空间可以是主要道路、街道或巷道等，节点空间则可以是广场、绿地、水体等。巷道与主街垂直布置，建筑呈单排布置，沿街界面大多为一进，7～11m 不等，2～3 层居多，临街面作为商铺，内进院落作为生活居住之用，单个合院的面积为 500～800m^2 不等。而不同建筑群体组合的方式有院落式、封闭式以及开放式。

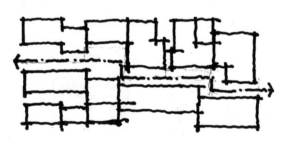

图 7-15　街道线性空间

图 7-16　广场节点空间

（1）院落式

院落式空间设计是内敛型的，户与户间干扰较少，均以中心院落为核心（图 7-17），可以巧妙地回避户间干扰的问题，加强居住的私密性，包括二合院（图 7-18）、三合院（图 7-19）以及四合院（图 7-20）。三合院主要分布在长江以南的江浙、安徽、湖南等地区，与四合院最大的区别在于三合院没有倒座，而代之以围墙，也就是说，四合院四面有单体建筑围合，三合院则三面围合以建筑，一面是院墙。另外还有一种形式，那就是"二合院"，即两面围以建筑单体，而另两面是院墙的布局形式。南方许多民居为了避免西晒，就取消了东西厢房的设置，形成了所谓的"二合院"形态。

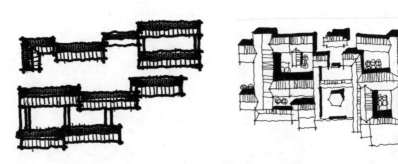

图 7-17　院落式

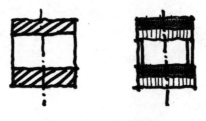

图 7-18　二合院形态

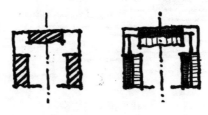

图 7-19　三合院形态

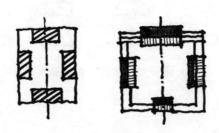

图 7-20　四合院形态

（2）封闭式

封闭式空间设计与院落式有些类似，一般体量较大，以中心庭院为核心，四周均是建筑墙体，形成一栋单体建筑，如福建土楼怀远楼（图 7-21）。

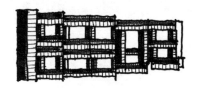

图 7-21　封闭式

（3）开放式

开放式空间设计具有外向性和接纳性，如 U 形和 L 形的建筑组合，在步行空间、沿街建筑、公共活动场地等地方一般采用开敞型的建筑组合方式（图 7-22）。

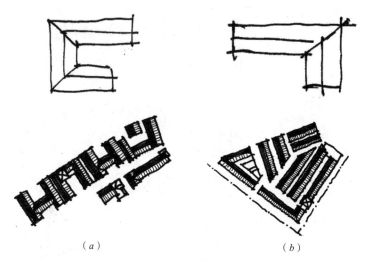

（a）　　　　　　　　　　　　（b）

图 7-22　开放式

（a）U 形；（b）L 形

2. 单体建筑形态

旧区更新是城市化进程中的一个复杂课题，而传统格局和历史建筑的保护又是旧区更新的重要内容。以历史建筑的保护和更新为例，来认识不同历史建筑的单体建筑形态。在历史建筑的保护和更新中，建筑风貌是建筑传统特征最直观的体现，也是最先给人产生深刻印象的元素。构成城市历史风貌的建筑主要是古建筑群体，形式以一进、两进等院落式的空间为主要类型，建筑的屋顶形式多为坡屋顶，按照坡屋顶类型的不同分为硬山、悬山、卷棚、庑殿、四角攒尖、六角攒尖等形式（表 7-3），每种屋顶又有单檐与重檐、起脊与卷棚的区别；个别建筑也有采用叠顶、盝顶、十字脊歇山顶及拱顶的；南方民居的硬山屋顶多采用高于屋面的封火山墙。

不同建筑风貌的历史建筑　　　　　　　　　　表 7-3

屋顶形式	平面形态	三维示意
庑殿顶	 四个面都是曲面，有单檐和重檐之分	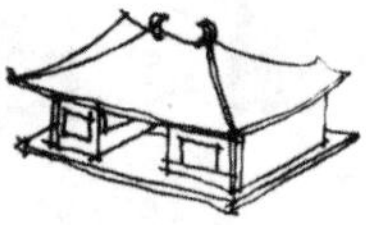
歇山顶	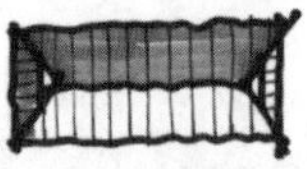 前后两坡为正坡，左右两坡为半坡，半坡以上的三角形区域为山花	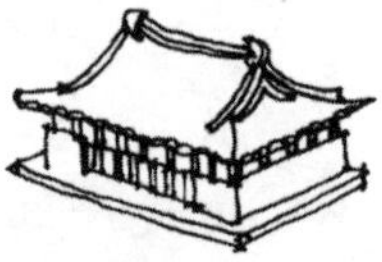
悬山顶	 悬山顶四面出檐	
硬山顶	 屋顶与山墙齐平	
盝顶	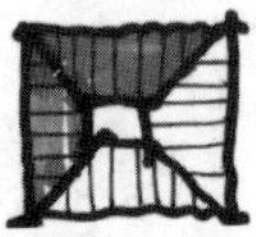	
攒尖		 四角攒尖 　　　圆攒尖

3. 建筑风格

（1）北方风格

北方风格的建筑组群方整规则，庭院较大，但尺度合宜；建筑造型起伏不大，屋身低平，屋顶曲线平缓。总的风格是开朗大度，主要集中在淮河以北至黑龙江以南的广大平原地区（图 7-23）。

（2）西北风格

西北风格建筑院落的封闭性很强，屋身低矮，屋顶坡度低缓，还有相当多的建筑使用平顶。很少使用砖瓦，多用土坯或夯土墙，木装修更简单。总的风格是质朴敦厚，主要集中在黄河以西至甘肃、宁夏的黄土高原地区（图 7-24）。

图 7-23　北方风格建筑

图 7-24　西北风格建筑

（3）江南风格

江南风格的建筑组群比较密集，庭院比较狭窄。城镇中大型组群（大住宅、会馆、店铺、寺庙、祠堂等）很多，而且带有楼房；小型建筑（一般住宅、店铺）自由灵活。总的风格是秀丽灵巧，主要集中在长江中下游的河网地区（图 7-25）。

（4）岭南风格

岭南风格的建筑平面比较规整，庭院很小，房屋高大，门窗狭窄，多有封火山墙。城镇村落中建筑密集，封闭性很强。总的风格是轻盈细腻，主要集中在珠江流域的山岳丘陵地区（图 7-26）。

图 7-25　江南风格建筑

图 7-26　岭南风格建筑

（5）西南风格

西南风格建筑多利用山坡建房，为下层架空的干栏式建筑。屋面曲线柔和，拖出很长，出檐深远，上铺木瓦或草秸。不太讲究装饰。总的风格是自由灵活。集中在西南山区，有相当一部分是壮、傣、瑶、苗等民族聚居的地区（图 7-27）。

（6）藏族风格

牧民多居于褐色长方形帐篷。村落居民住碉房，多为 2～3 层小天井式木结构建筑，外面包砌石墙，墙壁收分很大，上面为平屋顶。石墙上的门窗狭小，窗外刷黑色梯形窗套，顶部檐端加装饰线条，极富表现力。藏族风格建筑主要集中在西藏、青海、甘南、川北等藏族聚居的广大草原山区（图 7-28）。

图 7-27　西南风格建筑　　　　图 7-28　藏族风格建筑

（7）徽派建筑

徽派古建筑以砖、木、石为原料，以木构架为主。梁架多用料硕大，且注重装饰。墙体基本使用小青砖砌至马头墙。徽式宅第结体多为多进院落式集合形式（小型者多为三合院式），体现了徽州人"聚族而居"的特点。一般均坐北朝南，倚山面水，讲求风水价值。布局以中轴线对称分列，面阔三间，中为厅堂，两侧为厢房，厅堂前方称为天井，采光通风。院落相套，造就出纵深自足性家庭的生活空间。民居外观整体性和美感很强，高墙封闭，马头翘角，墙线错落有致，黑瓦白墙，色泽典雅大方。作为传统的建筑流派，徽派建筑一直保持着其融古雅、简洁、富丽于一体的独特艺术风格（图 7-29）。

（8）海派建筑

上海的传统建筑叫作海派。海派建筑的特色核心是海纳百川。上海海派建筑特色的魅力，就在于它的海纳百川、兼收并蓄的大家风范。它将西方住宅文化与本地居住理念融合进建筑设计中。比如，房型要迎合上海人居住的习惯，全户朝南，冷暖适宜，采用低窗户大开间采光，最大可能地引入景观。一般来说，外来建筑进入上海后，都要进行改造以适合上海居住者的特点，形成上海特有的海派特色（图 7-30）。

图 7-29　徽派风格建筑　　　　图 7-30　海派风格建筑

7.4 设计任务一：城市风貌区改造规划设计

7.4.1 项目概况

1. 场地条件

该地块位于我国南方某城市老城区，总规划用地 5.85hm²。基地周边为具有一定保留价值的居住街坊，建筑高度为 3～6 层，建筑形式为坡屋面红色砖瓦房。基地三面临城市街道，西南面为保留历史街区。基地内原有建筑拟全部拆除，新建一处文化休闲中心。

2. 规划设计要求

（1）结合地形及周边环境，合理进行功能分区及用地布局。
（2）合理组织人车交通流线，妥善解决好动态交通和静态交通。
（3）创造生动有序，富有个性的建筑群体空间。
（4）结合历史街区特色，延续历史风貌，体现文化精神。
（5）充分利用地块内外的环境景观，组织好广场、绿地等公共活动空间。

3. 技术规定

（1）容积率：≤ 1.0。
（2）建筑密度：≤ 30%。
（3）绿地率：≥ 30%。
（4）满足国家有关规范和要求。

4. 规划设计内容

（1）文化活动中心、小型特色博物馆、文化展示。
（2）画展、画廊。
（3）书吧、书店。
（4）咖啡厅、茶室、小吃店等。
（5）特色商店、专卖店。
（6）室外活动表演广场、停车场等其他相关场地和配套设施。

5. 成果要求

（1）规划总平面图（1∶1000）。
（2）规划构思分析图（功能结构图、道路交通、绿地景观等，比例自定）。

（3）简要设计说明。

（4）主要经济技术指标（总用地面积、总建筑面积、容积率、建筑密度、绿地率等）。

（5）鸟瞰图或局部透视。

6. 地形图参考（图 7-31）

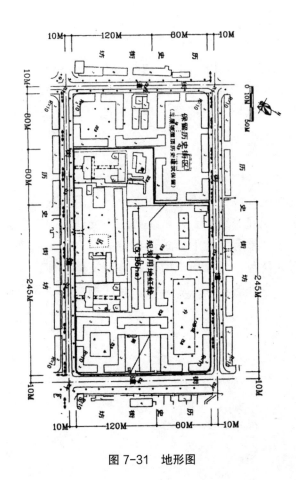

图 7-31　地形图

7.4.2　任务解读

根据设计要求，该项目旨在建设一处文化休闲中心，在设计时可考虑采用传统建筑形式，延续传统格局，保护历史风貌，也可以考虑现采用传统与现代相结合的建筑形式，将现代休闲与传统文化相结合，打造新式活力休闲街区。

设计要求容积率不大于 1.0，总用地为 5.85hm²，则建设规模不超过 5.85 万 m²；建筑密度不大于 30%，可知基地内平均层数为 3 层左右，主要为低层建筑；由于未对功能设施的建筑面积做详细规定，则可根据实际方案灵活调整。

（1）总体定位——文化休闲中心。

（2）设计思路——继承·更新·融合。

（3）设计方法——1）继承。考虑周边历史居住街坊的风格特点与建筑形态，延续其传统格局，保护片区历史风貌；2）更新。挖掘基地内原有街巷与开敞空间的风格与特点，在更新功能的同时保留城市记忆；3）融合。将现代商业、休闲、文化等功能与传统建筑空间相融合，打造文化休闲新范式。

7.4.3　场地分析

1.周边场地分析（图 7-32）

（1）周边用地——基地周边为具有一定保留价值的居住街坊，为 3~6 层的坡屋面红色砖瓦房，且西南面为保留历史街区，因此在设计时，可适当考虑采用相同风格的建筑形式以及建筑群体空间。

（2）道路——基地三面临城市街道，街道宽度除东侧道路相对较宽以外，其余都为 10m 宽的街道。

2.地块内部场地分析（图 7-33）

现状用地——基地内原有建筑拟全部拆除，新建文化休闲中心，在设计时可考虑梳理基地原有街巷与开敞空间，延续街区记忆，也可综合评估其历史价值，为街区注入新活力。

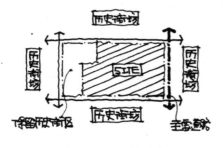

图 7-32　周边场地分析

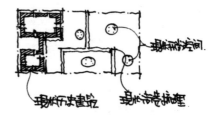

图 7-33　地块内部场地分析

7.4.4　设计构思

1.环境分析

（1）方案一——基于现状场地分析，塑造南北向主要轴线与东西向次要轴线，主要轴线可考虑作为主要景观轴线，次要轴线可考虑作为次级景观轴线或景观视廊；主、次轴线与边界的交点可考虑作为出入口位置，主、次轴线的交叉点可考虑设置标志性建筑或标志性开敞空间 [图 7-34（a）]。

（2）方案二——采用斜向轴线布局，南北向为主要轴线，可考虑作为主要步行景观轴线，东西向为次要轴线，可考虑作为次级步行景观轴线；主、次轴线的交叉点同样考虑作为核心空间，主、次轴线与边界的交点可考虑作为次级节点空间[图7-34（b）]。

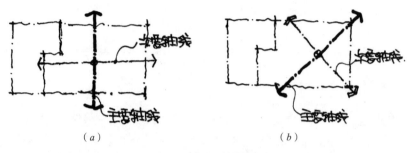

图7-34 环境分析
（a）方案一；（b）方案二

2. 功能布局

（1）方案一——规划在主要轴线的南段布置文化活动中心，并结合其布置室外活动表演广场；在主要轴线北段布置特色商店、专卖店；在地块东北角靠近主要街道布置特色博物馆等文化展示设施；东南角布置画廊、画展等，与博物馆等形成综合展示区域；将书吧、书店、茶室等设施布置在地块西侧较为安静地段[图7-35（a）]。

（2）方案二——规划在主要轴线北端布置博物馆，中段布置文化活动中心并含室外表演广场，南端布置特色商店及专卖店等并作为地块主要出入口；在次要轴线的东端布置文化展示设施，西端布置书吧书店等；靠近保留历史街区布置咖啡、茶座等休闲商业[图7-35（b）]。

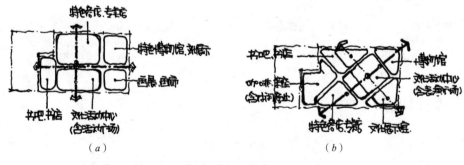

图7-35 功能布局
（a）方案一；（b）方案二

3. 公共空间

（1）方案一——结合文化活动中心布置主要景观节点，主要步行景观轴线串联主要景观节点与入口节点；各组团空间形成一般景观节点，通过一般空间联系衔接 [图 7-36（a）]。

（2）方案二——主要景观轴线串联文化活动中心这一核心景观节点、博物馆及主要出入口这两个次级节点，其他节点通过次级或一般轴线串联，并与主要轴线或主要节点形成照应关系 [图 7-36（b）]。

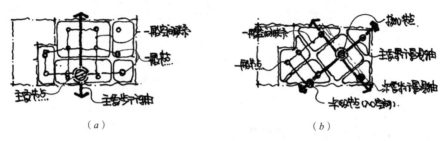

图 7-36　公共开放空间体系
（a）方案一；（b）方案二

4. 交通组织

（1）方案一——1）车行交通，利用基地现状主要街巷空间形成地块车行路网，并在文化活动中心两侧布置地面集中停车。2）步行交通，地块南侧出入口为主要步行出入口，作为文化休闲中心的形象窗口，步行空间应考虑不同功能组团的串联关系，体现历史街区的空间特色与文化精神 [图 7-37（a）]。

（2）方案二——1）车行交通，采用人车分流模式，与步行系统相结合，强化整体空间结构。2）步行交通，依托公共开放空间体系打造舒适、安全的步行街区 [图 7-37（b）]。

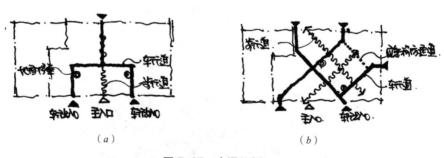

图 7-37　交通组织
（a）方案一；（b）方案二

5. 建筑布局

建筑群体空间设计应体现历史街区的街巷特色，如收放自如、丰富有趣等，建筑单体形态应更加体现历史建筑的多样性和趣味性，如院落式与开放式的结合等，此外，还可考虑传统坡屋面建筑与现代平屋顶建筑的融合，形成新的建筑形式（图 7-38）。

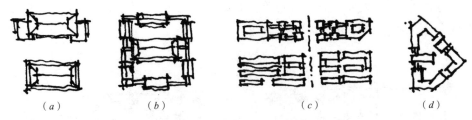

(*a*)　　　　　　(*b*)　　　　　　　(*c*)　　　　　　　(*d*)

图 7-38　主要功能的建筑形态参考
(*a*) 文化活动中心；(*b*) 博物馆或文化馆；(*c*) 商业（现代与传统结合）；(*d*) 特色商业街区

7.4.5　方案深化（图 7-39、图 7-40）

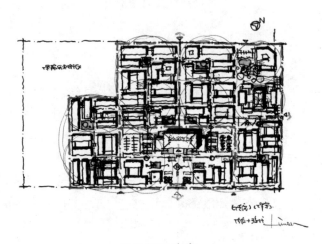

图 7-39　方案一

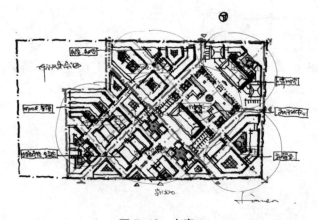

图 7-40　方案二

7.4.6　成果表达

1. 总平面图（图 7-41、图 7-42）

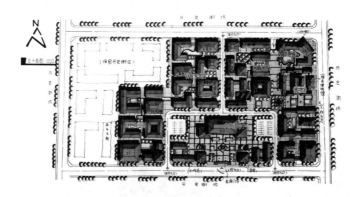

图 7-41　总平面图一

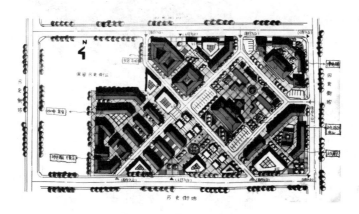

图 7-42　总平面图二

2. 规划分析图（图 7-43、图 7-44）

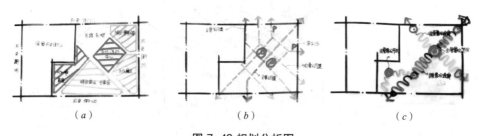

（a）　　　　　　　　　（b）　　　　　　　　　（c）

图 7-43 规划分析图

（a）功能分区；（b）道路系统；（c）景观系统

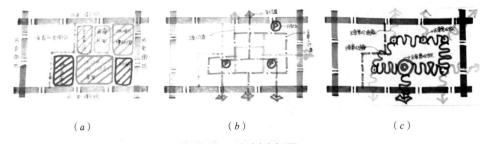

（a）　　　　　　　　　（b）　　　　　　　　　（c）

图 7-44 规划分析图

（a）功能分区；（b）道路系统；（c）景观系统

3. 鸟瞰图（图 7-45、图 7-46）

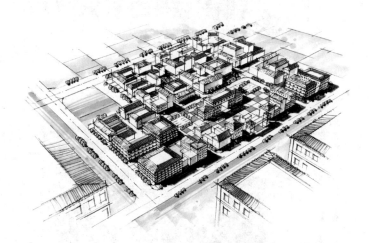

图 7-45　鸟瞰图一

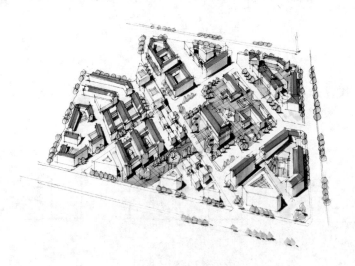

图 7-46　鸟瞰图二

7.5　设计任务二：南方大城市滨水工业区再开发设计

7.5.1　项目概况

1. 场地条件

　　南方某大城市滨水旧工业区，现在进行再开发设计。用地呈梯形，面积约 11.25hm²，现状道路（位置、红线宽度、交叉点标高）和周边用地情况见图 7-47。场地内西北角有一栋保留单层工业厂房（室内净高 15m），场地东南有地铁站。场地为二级台地，现状护坡及两侧标高见图 7-47。

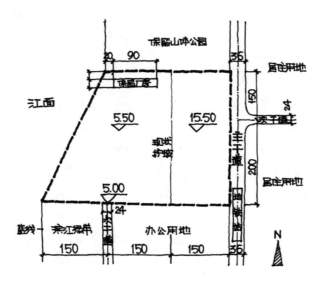

图 7-47　地形图（单位：m）

2. 规划设计要求

　　（1）总体要求

　　充分利用场地周边的山体、水体、交通等资源，结合地形的改造，进行总体规划设计及竖向设计，设计成为中高强度、环境舒适的混合功能区。

　　（2）功能要求

　　1）商业、商务办公、宾馆，建筑面积共 20 万 m²。

　　2）住宅，建筑面积 5 万 m²。

　　3）全民健身中心，建筑面积约 2 万 m²。

4）公共绿地，不少于 3hm²。

（3）其他要求

1）场地东侧和南侧的两条次干道需要连通。

2）滨江保留不少于 20m 宽的公共绿地。

3）保留厂房可适当再利用，面积计入相应功能。

3. 图纸要求

（1）规划总平面图（1 : 1000，标注出主要建筑功能及层数）。

（2）竖向设计示意图（标注出各级台地的设计标高、道路中心线交叉点及关键转折点的设计标高，图纸比例自定）。

（3）彩色鸟瞰图（不小于 A3 幅面，表现形式自定）。

（4）主要经济技术指标及简要说明。

4. 地形图参考（图 7-47）

7.5.2　任务解读

该项目是一个滨水工业区的再开发设计，以重建规划为主，保留有一栋工业厂房，在设计时可结合整体规划布局考虑将其进行功能置换。根据现状条件与规划设计要求，可确定有以下几个设计重点：（1）交通组织与台地处理。规划要求将场地东侧与南侧的两条次干道连通，而场地为二级台地，那么如何在具有高差变化的基地内合理、经济地组织交通是该项目的一个设计重点。（2）山水资源与环境塑造。基地周边拥有良好的山体、水体资源，如何充分利用自然景观要素，与基地内部建立空间联系以营造蓝绿交融、健康舒适的环境是该项目的又一个设计重点。（3）功能布局与竖向设计。如何综合考虑周边环境要素与地形条件进行合理的功能布局，同时进行规范的竖向规划设计也是该项目的设计重点。

规划要求在 11.25hm² 的用地上，建设约 27 万 m² 的功能设施，可得出容积率约为 2.4；要求规划不少于 3hm² 的公共绿地，可得出绿地率不小于 26.7%；未对建筑密度及建筑限高做具体要求，在设计时可根据综合布局再确定。

（1）总体形象——"滨江绿城"。

（2）功能定位——延用工业遗存，借用蓝绿之本，采用生态之理，打造集商业办公、购物休闲、居住生活、康体娱乐等多功能于一体的滨江生态绿城。

（3）设计理念——1）多维设计。结合基地条件，考虑现状道路（X）、山水资源（Y）、立体高差（Z）及时间序列（D）等多种要素，进行多维空间设计。2）多元共生。在规划布局时考虑商业、办公、居住等多样功能的共生关系，形成协调、有序的混合功能区；3）绿色生态。采用景观生态学原理，建立基地与蓝绿资源的空间联系，打造绿色生态的滨江生活区。

7.5.3　场地分析

1. 周边场地分析

（1）山体水体——在设计时应考虑对北侧山体与西侧水体等自然资源的借用，使其渗透入基地内部，建立密切的空间联系。

（2）道路交通——基地东侧毗邻城市主干道，东南角为地铁站，在设计时可考虑商业、商务办公功能靠近站点周边布置并适当预留集散空间，提高土地利用价值；此外，设计要求连通东、南两侧次干道，可考虑从地块内部穿过，但道路设计应满足城市道路坡度要求，道路线形应便于进行整体布局。

（3）周边用地——基地东侧均为居住用地，西邻江水，南邻办公与滨江绿带，北靠山体公园，在规划布局时可考虑商务办公靠近南侧布置，形成办公集中区，公共绿地靠近西侧布置，延续滨江绿带。

2. 地块内部场地分析

（1）地形地貌——基地为二级台地，有现状护坡，在设计时除了考虑道路的坡度要求外，还可利用地形高差形成基地错落的特色景观或建造山地特色建筑。

（2）现状建筑——基地内有一栋保留的单层工业厂房，室内净高 15m，在设计时可考虑进行功能置换，改造为健身中心的特色场馆或展示建筑等（图 7-48）。

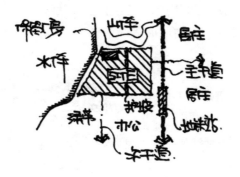

图 7-48　场地分析

7.5.4　设计构思

1. 环境分析

若不考虑地形高差，按照常规环境分析，连通东、南两条次干道，取相应边界的中点并串联形成空间轴线。然而地块东、西两级台地存在 10m 高差，则须做进一步调整，形成基地与水体、山体景观连通的两条轴线，确定总体空间脉络（图 7-49、图 7-50）。

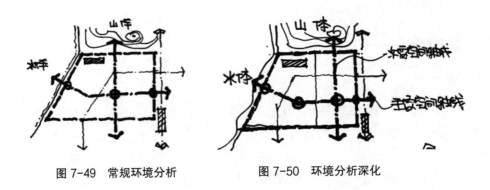

图 7-49　常规环境分析　　　　图 7-50　环境分析深化

2. 功能布局

规划将商务办公靠近山体布置于地块东北角；将商业、商务结合布置于地块东南角，同时考虑一定的建筑退距、地铁出入口及地铁地下空间与商业商务空间的无缝衔接，提高土地利用价值；在基地中部布置商住混合区，住宅以高层塔楼为主，底层商业考虑引入书吧、咖啡、茶座等文化休闲业态，并与东侧商业商务空间建立空间联系；结合保留建筑布置全民健身中心，并适当增加配套商业服务；靠近江面布置不少于 3hm² 的公共绿地，延续滨江绿带（图 7-51）。

3. 景观系统

规划在各功能组团形成"主—次——一般"三级景观节点，同一功能组团若地块较大或较为狭长可考虑增加次一级节点，主、次景观轴线联系主、次景观节点，一般空间轴线联系次级与一般景观节点，形成等级清晰、体系完善的景观系统（图 7-52）。

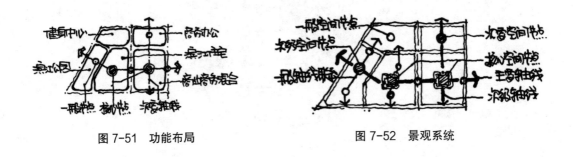

图 7-51　功能布局　　　　　　图 7-52　景观系统

4. 交通组织

（1）车行交通——规划采用与空间轴线垂直的折线形道路串联东、南两条次干道，与台地交错的路段坡度应控制在 0.3% ~ 8%，在西侧台地可考虑布置环状次要道路满足各功能区的交通需求，特殊位置采用下穿通道（图 7-53）。

（2）步行交通——利用主、次景观轴线打造丰富、有趣的步行空间，利用一般轴线打造步行休闲栈道,在各景观节点设置大、小休闲广场或景观小品,作为节点标识(图 7-54)。

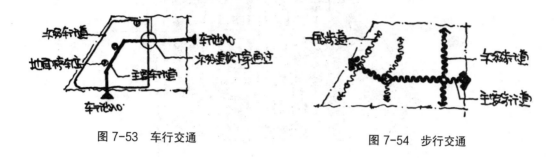

图 7-53　车行交通　　　　　图 7-54　步行交通

5. 建筑布局

建筑群体布局应与功能分区、景观系统及道路系统相互融合,形成结构清晰、层级明确的二维空间形态,同时应考虑景观界面与景观视廊对建筑限高与布局形态的控制,以形成错落有序、视线绝佳的三维空间形态。

7.5.5　方案深化(图 7-55、图 7-56)

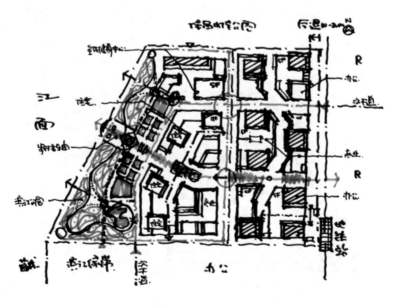

图 7-55　方案一

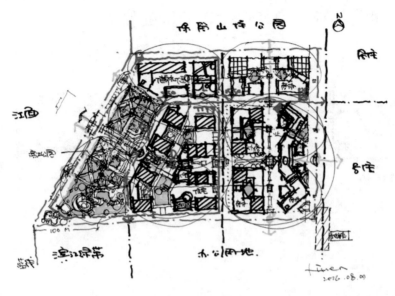

图 7-56　方案二

7.5.6　成果表达

1. 总平面图（图 7-57）

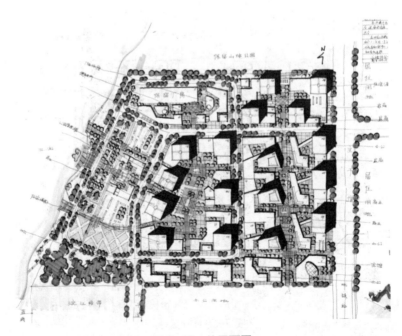

图 7-57　总平面图

2. 规划分析图（图 7-58）

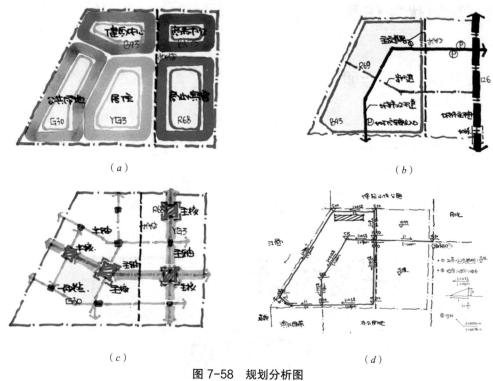

（a）　　　　　　　　　　　　　　　　　（b）

（c）　　　　　　　　　　　　　　　　　（d）

图 7-58　规划分析图

（a）功能分区；（b）道路系统；（c）景观系统；（d）竖向设计

3. 鸟瞰图（图 7-59）

图 7-59　鸟瞰图

7.6 其他优秀作品

7.6.1 方案一（图 7-60）

设计评析：方案表达成熟规范，建筑群体空间布局多样并具有较强的识别性，体现在南侧建筑尺度较大的游客服务、展览设施，与北侧建筑体量较小的商业、居住设施；周边环境资源利用较好，形成良好的滨水步行空间。

不足之处：建筑群体空间布局缺乏一定的规律性，可适当考虑采用"收缩与舒张""大与小""变化与统一"等手法使开敞空间更加多元有趣。

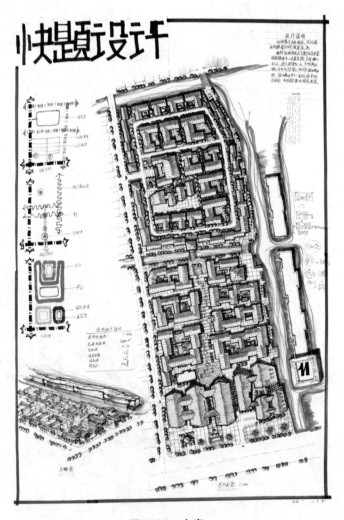

图 7-60　方案一

7.6.2　方案二（图 7-61）

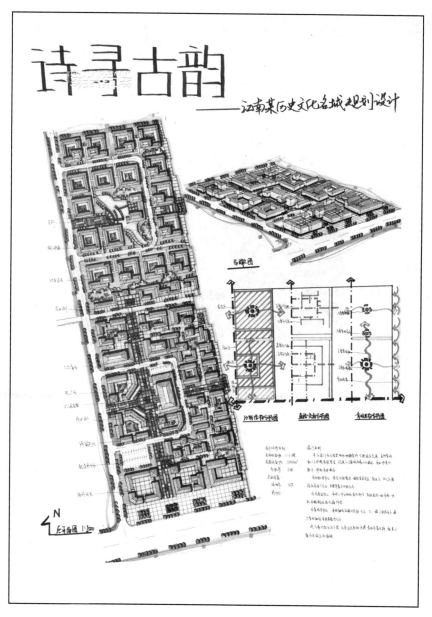

图 7-61　方案二

　　设计评析：方案设计概念较为新颖，整体表达较为规范，体现出较强的徒手表达能力；方案布局结构清晰，景观设计多样有趣。

　　不足之处：北部仿古建筑群体空间设计较为单一，可适当考虑作一定变化；开敞空间缺乏体系，主次层级不够清晰，空间引导性不足。

7.6.3　方案三（图7-62）

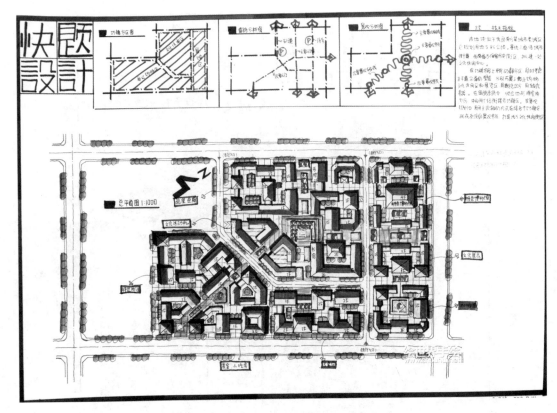

图 7-62　方案三

设计评析：方案表达成熟规范，功能布局清晰合理，交通组织合理顺畅；建筑群体组合多样有趣，不同功能的建筑在体量与建筑尺度上均具有较强的识别性；景观设计简单巧妙，开敞空间布局多样且主次清晰。

不足之处：周边传统建筑风貌与布局特点考虑不足，可适当考虑延续传统风貌，保留传统屋顶形式与风格；少数功能设施与相应建筑尺度不符，如文化活动中心建议考虑适当增加建筑体量。

参考文献

[1] 吴志强，李德华 . 城市规划原理 [M]. 第 4 版 . 北京：中国建筑工业出版社，2010.

[2] （美）埃德蒙· N· 培根 . 城市设计 [M]. 黄富厢，等，译 . 北京：中国建筑工业出版社，2005.

[3] 乔纳森· 巴奈特 . 重新设计城市：原理· 实践· 实施 [M]. 北京：中国建筑工业出版社，2013.

[4] 王建国 . 城市设计 [M]. 第 1 版 . 南京：东南大学出版社，2004.

[5] 徐循初，倪学成，等 . GB50220—95 城市道路交通规划设计规范 [S]. 北京：中国计划出版社，1995.

[6] 齐康 . 城市建筑 [M]. 南京：东南大学出版社，2001.

[7] 钟书华 . 科技园区管理 [M]. 北京：科学出版社，2004.

[8] 高冀生 . 当代高等校园规划要点提示 [J]. 新建筑，2002（4）：10-13.

绘世界手绘寒暑假集训营教学楼

武汉大学城市设计学院规划系系主任彭建东教授为学

绘世界2015暑期景观方案班学员

绘世界2013年暑期迎新接待

绘世界规划表现班学员在教室

我们一起
绘世界

Together Draw the world

武汉大学城市设计学院（副院长）周婕教授2015年暑期集训营与学员交流

手绘名家支嵩岭老师为学员评图

绘世界老师为学员改图

2008年，绘世界手绘教育机构由手绘商会、绘世界网、设计人网全力打造；

2009年，绘世界陆续在武汉、成都、北京、郑州及上海开设分校；

2011年，楚天都市报、腾讯大楚网、中国教育网等数家媒体陆续报道绘世界；

2012年，与中国林业出版社、中国建筑工业出版社合作出版多本手绘设计类教材；

2015年，与武汉新东方学校强强联合，打造高端无忧一站式考研课程；

2016年，绘世界与爱尔兰都柏林大学建立设计交流联盟；

2017年，进军软件教育行业，预为社会输送大量就业型技术人才......

绘世界 shouhui.net
手绘培训
建筑/景观/规划/室内/工业/出国

在线报名：www.shouhui.n
QQ在线：4006461997
免费咨询：**400-646-199**

绘世界手绘考研中心
DRAW THE WORLD HIGH ART TRAINNING